ゼロから はじめる ゲームテスト

『ゼロからはじめるゲームテスト』制作委員会［著］
桃井涼太［作画］

壁抜けしたら無限ガチャで
最強モードな件?

Ohmsha

はじめに

みなさん、ゲームは好きですか？
本書を手に取ってくださったなら、きっとゲームが好きな方が多いと思います。

では、どんなゲームが好きですか？
ロールプレイング（RPG）、スポーツ、格闘、アクション、パズル、シューティング、ストラテジー、シミュレーション…… ゲームにはさまざまな種類があり、それぞれに固有の面白さがあります。

ゲームをするときのハードウェアは何を使っていますか？
多くの方は家庭用ゲーム機で家族や友だちと一緒に遊んだことがあるかと思います。また、近年はインターネットにつながるポータブルなゲーム機やPC、スマートフォンなどを通してオンライン上で出会うプレイヤーとゲームを楽しむことができます。また、画質や音量、操作性などを求めて、家庭用ゲーム機より高性能なゲームセンターのアーケードゲームに興じている方もいるでしょう。

このように多くの方々が楽しまれているゲームですが、遊んでいて「急に動かなくなった」「思いどおりに操作できない」「難しくて先に進めなくなってしまった」なんて経験をしたことはないでしょうか？
もしかしたら、それはバグかもしれません。

同じようなバグに何度も遭遇してしまうと、「もう遊ぶのやめちゃおうかな」と思ってしまいますよね。プレイする方に楽しんでもらおうとゲームを制作しているので、バグによってゲームをやめてしまう方がいるのは、とても残念なことです。特に、長期にわたる運営を前提としたオンラインゲームにおいては、ユーザーが離れてしまうきっかけになるため、収益にもかかわる大きな問題になります。

このようにバグがリリースされてしまわないように、テストエンジニアたちはゲームテストを行っています。本書では、どんなふうにゲームの品質を保っているのかということについて、ゲームテストをまったく知らない方でも理解しやすいように解説しました。
これからゲームテストの世界に飛び込む方々にとって、本書の内容が適切なゲームテストを行うための道しるべになることを願います。

2023年7月
『ゼロからはじめるゲームテスト』制作委員会

本書の
使い方

◆ 本書の対象読者

　本書はゲームテストに触れたことがない方のために書かれた書籍です。特別な専門知識がなくても、プログラミングや一般的なソフトウェアテストの経験がない方にも読みやすいように執筆しました。ゲームテストについてまったく知識のない新人ちゃんという登場人物を通して、読者の方がゲームテストについて一緒に学び、一緒に成長していけるように構成しています。

◆ 本書の構成

　まず Stage 1 では、実際に起こった（かもしれない）さまざまなバグの例を紹介しています。バグを見つける様子を 4 コママンガで、見つけたバグの内容をバグ報告書の形でまとめています。バグが起こった原因やテストで見逃さないための対策、ついでに知っておくとよいポイントについても解説しています。

　Stage 2 〜 4 は、ゲームテストについて詳しく知るための章です。バグの効率的な見つけ方やさまざまな種類のゲームテスト、テスト全体の流れについて説明し、ゲームテストについての理解を深めていきます。

　Stage 5 は、全体のおさらいです。テストの目的・準備・実施・バグの報告と、テスト実施に関連した内容をまとめています。実際にテストを行う前に読むと役に立つ、ちょっとしたコツなども紹介しています。

◆ 本書で扱う「ゲーム」

　本書では説明しているゲームテストは、主にスマートフォンにダウンロードしてプレイするアプリのゲームを対象としたもので

す（本書ではこのようなゲームを「スマホゲーム」と呼びます）。
家庭用の据置型ゲーム機や携帯型ゲーム機、アーケードゲームに
ついては対象としておりません。ただし、アセットやモデリング
の確認、世界観やユーザビリティへの配慮など、テストにおいて
共通するポイントも多くあります。

◆ 本書の用語

　ゲームテスト、ひいてはソフトウェアテストについては、一般
的な学問（数学、物理学、生物学など）に比べて歴史が浅く、ま
た現場で変わり続けているという性格もあるため、知識体系の整
理が追いついていないところがあります。なので、現場などで使
用されている用語は、学術的にはまだ定義されていないものもあ
り、業界で慣例的に使われている用語という性格が強いです。会
社やプロジェクトなど、それぞれの組織や現場において、同じも
のを異なる名前で呼んだり、異なるものを同じ名前で呼んだり、
概念自体があいまいなこともあります。

　本書では、できるだけ定義されている言葉で、多くの方に通じ
る表現を心がけていますが、組織によってはまったく異なる表現
をしていることもあるかもしれません。例えば、本書では仕様な
どを満たさないプログラムの火陥を「バグ」とし、本番環境でバ
グが発生しているものを「障害」として扱っていますが、ほぼ同
義としてこれらを区別しない現場もあります。その場合は、それ
ぞれの現場で使われている用語に読み替えていただくようお願い
いたします。

　また、本書の巻末に収録されている「ゲームテスト用語集」を
併せて活用いただくと、理解の助けになるかと思います。

もくじ

はじめに ……………………………………………………………………………………… iii

本書の使い方 ……………………………………………………………………………… iv

Stage 0　プロローグ ……………………………………………………………………… 1

　01　ようこそ！ ゲームテストの世界へ…………………………………………… 2
　　　01 ゲームテストの世界に飛び込む前の準備 …………………… 2
　　　02 「テストチーム」メンバー紹介！ …………………………… 4
　02　ゲームテストのしごと！ …………………………………………………… 6
　　　01 テストチームってなに？ ……………………………………… 6
　　　02 ゲームテストってなにするの？ ……………………………… 8
　　　03 目指せ！ ゲームテスト攻略！ ……………………………… 10

Stage 1　ばぐのたいぐん が あらわれた！ よく遭遇するバグ ……………… 13

01　超必殺技！？／02　覚醒！？ 急成長！！／03　最強のスライム？／04　無限に限界突破？／05　頭からオーラが生えてきた／06　無重力？ 等速直線運動！／07　背景に埋もれてキャラクターが見えない！／08　なぜ、このOSだけ？／09　同じブラウザに見えても実態は……！？／10　奥義！16連打！／11　昨日まで動いていたのに／12　同じ文字数なのに見切れが発生する！？／13　謎の既視感／14　キャラクターの動きと音がズレてくる？／15　同じ操作を繰り返すと画像が真っ黒！？／16　派手なグラフィックもないのに、スマホが熱い！？／17　公開日時設定ミスで誤リリース／18　この端末、速い……！／19　高性能なのに、コマ落ちする！？／20　画面遷移と縦横の組合せ／21　〜できない仕様を攻める／22　回数限定に潜むバグ、ループにご用心！／23　データ保存のタイミングには、危険がいっぱい！／24　動作とデータを分けて考える／25　その時間は、どこの時間？／26　慣れてきたころにやってくる、イベント報酬の更新漏れ／27　ガチャでもらえないキャラが訴求画像に入っている！？／28　体力全回復してないのに回復通知が来る！／29　受取BOX、アイテム増殖！／30　本当にこのボス、倒せます？／31　おバカなAI？／32　最強のAI？／33　AIは、学習しますか？／34　端末の設定を××語にするとアプリが起動できない！？／35　外国語の綴りを覚えよう／36　肌の露出度を気にして、ユーザーからクレームが……　　／37　体が壁にめり込んじゃう！？／38　座標に注意！？／39　同じグループなのにメンバーが違う！／40　通信あるところにバグあり！／41　え！？ そんなところにも？ アップデートの落とし穴／42　憂鬱のOSアップデート

　Column　コリジョン判定バグは多種多様 ……………………………………… 100

Stage 2　見つけたバグを観察しよう ················· 101

01　見つけるための観察テクニック ····························· 102
　　01 似たようなバグが他にもある？ ····················· 103
　　02 スマートフォンを変えたらバグがなくなる？ ····· 105
　　03 いつから発生していたバグ？ 以前から？ ··········· 109
　　04 日本語版だけ？ 海外版でも起きている？ ··········· 111
　　05 他のゲームでも発生する？ ························· 113
　　06 テスト環境でだけ？ 本番環境でも起きている？ ··· 114
　　07 スマートフォンの設定が関係している？ ··········· 116
　　08 普通にプレイするだけで起きるバグ？ ··············· 118

02　見つけたバグの記録をつけよう ····························· 120
　　01 もう一度同じバグを捕まえられるかな？ ··········· 120
　　02 他のメンバーが見ても理解できるかな？ ··········· 123

Column　バグではないけど、改修を提案してみる ················· 126

Stage 3　ゲームテスト≠ゲームプレイ　ゲームテストの種類を知ろう ··· 127

01　ゲームプレイだけがテストじゃない ····················· 128
02　いろいろなゲームテスト ······························· 130
　　01 テストレベルとテストタイプ ····················· 130
　　02 正常系の動作テスト ····························· 133
　　03 異常系の動作テスト ····························· 134
　　04 アップデートテスト ····························· 136
　　05 イベントテスト ································· 138
　　06 アセットテスト ································· 140
　　07 互換性テスト ··································· 146
　　08 ユーザーテスト ································· 148

Column　ユーザーテストのタイミングと目的 ····················· 150

Stage 4　テストってどうやって作るの？　テストのプロセスを知ろう … 151

　　01　「何を」「どう」テストする？ ……………………………… 152
　　02　どれから考える？ テスト設計の手順 …………………… 155
　　　　01 テスト観点を決める ………………………………… 155
　　　　02 テスト技法を適用する ……………………………… 157
　　　　03 テストケースを作成する …………………………… 158
　　03　テスト設計にも技法あり！ ……………………………… 160
　　　　01 同値分割法・境界値分析 …………………………… 160
　　　　02 デシジョンテーブルテスト ………………………… 163
　　　　03 状態遷移テスト ……………………………………… 165
　　　　04 ペアワイズテスト …………………………………… 167

Stage 5　目的から報告まで　テストの流れをつかもう！ ………………… 169

　　01　テスト目的を再確認しよう！ …………………………… 170
　　　　01 テストの計画を立てよう ……………………………… 171
　　　　02 テスト計画をみんなで遂行しよう ………………… 173
　　02　テストの準備をしよう！ ………………………………… 174
　　　　01 テストに必要なものを確認しよう ………………… 174
　　03　テストを実施しよう！ …………………………………… 177
　　　　01 テスト実施前のチェックポイント ………………… 177
　　　　02 テスト中の気づきポイント ………………………… 179
　　04　バグを報告してみよう！ ………………………………… 180

エピローグ ……………………………………………………………… 183

Bonus Stage 1　ゲームテスト年表 …………………………………… 184
Bonus Stage 2　ゲームテスト用語集 ………………………………… 186

索引 …………………………………………………………………… 194

＊編集協力：鈴木朋弥（TINAMI株式会社）

プロローグ

01 ようこそ！ゲームテストの世界へ

01 ゲームテストの世界に飛び込む前の準備

👻 ゲームテストのイメージ

「ゲームテスト」「ゲームデバッグ」という言葉を聞いたことはありますか？ 聞いたことがある方は、どんなイメージをお持ちでしょうか？

「ゲームして、給料をもらえる仕事？」
「リリース前のゲームで遊べるの？」
「ゲームが上手い人じゃないとできないの？」
「バグをいっぱい見つけたほうがよい？」

ひと昔前は、「ゲームデバッグ」と呼ばれる、ゲームを繰り返しプレイしてバグを見つけることで品質を保つ方法が主流でした。もちろん遊んでいるわけではないのですが、そう見えることもあったかもしれません。しかし、現在では一般的なソフトウェアテストの方法がゲームテストにも応用され、目的のもとに計画を立て、体系的なテストが行われています。

さらに、ゲームテストにおいては、一般的な動作の確認に加えて、次のようなゲーム特有のポイントも確認します。

・表示が崩れていないか
・ダンジョンの壁で通り抜けができないようになっているか
・キャラクターのセリフは、キャラクターの性格設定に沿っているか
・タップなどの操作を行ったとき、手ごたえはあるか
・敵キャラクターが突然強くなり過ぎないか
・さまざまなスマートフォン端末で正常に動作するか

このように多くのテストが行われているにもかかわらず、ゲームでバグが発生することがあります。みなさんも、実際にゲームをプレイしていて「画面がフリーズした」「表示が崩れている」「音が出なくなった」など、バグに遭遇した経験があるのではないでしょうか。

本書では「ゲームテストがどのように行われているのか」「ゲームテストを効率的に行うためにどういう工夫が必要なのか」など、実際にどうやってバグを未然に防いでいるか解説します。

この本の世界

この本では、ゲーム制作会社に就職したばかりの「新人ちゃん」と一緒にゲームテストについて学んでいきます。

新人ちゃんは学校でプログラミングの授業を受けたわけでもなければ、ゲームについて専門的に学んだわけでもありません。ただスマホゲームが大好きで、「ゲームの仕事がしたい！」とゲーム会社に就職しました。

「ゲームにかかわる仕事ができる！」とワクワクしていた新人ちゃんですが、配属されたのはゲームテストを行う部署。ゲームの作られ方を知らない新人ちゃんは、当然「ゲームテスト」についても何ひとつわかりません。そんな新人ちゃんですが、上司や先輩のサポートのもと、少しずつできることが増え、ゲームテストへの理解を深めていきます。

みなさんも新人ちゃんと一緒に、ゲームテストの世界を覗いてみましょう！

02「テストチーム」メンバー紹介！

　本書の主な登場人物です。新人ちゃんと、新人ちゃんが配属されるテストチームの
メンバーとして、先輩と上司が登場します。本書のテストチームでは、プロジェクト
の進捗管理や後輩の直接的な育成は先輩（リーダー）が、全体的な工数や人員配置、
他部署との調整などは上司（マネージャー）が行っています。

 ## 新人ちゃん

　プログラムは全然書けないけど、スマホゲームが大好
きでゲーム会社に就職した、新卒ほやほやの１年目社員。
　「とにかく面白いゲームをユーザーに届けたい！」と、
ときに突っ走ってしまう一面も。
　趣味は食べること。

先輩（リーダー）

　大学時代は部活に明け暮れ、体力と根性なら社内一！あらゆるゲームをパワーで攻略しまくっている。

　ゲームプレイ以外では、視野の広さと細やかな気遣いで新人ちゃんを優しくサポートする、テストチームの頼れるリーダー。

　趣味は登山とスポーツクライミング。

上司（マネージャー）

　ファミコン時代からのゲーム好き。学生時代はゲームセンターの格闘ゲームに熱中し、全国ランキングの上位常連だった。ゲームをすることが仕事になると知り、ゲーム会社に就職。以降、さまざまな現場で荒波にもまれてきた（？）おかげか、滅多なことでは怒らない（ただし、笑顔に圧があるときがある）。

　趣味はプラモデルとジオラマ作り。

02 ゲームテストのしごと！

01 テストチームってなに？

今日からテストグループに配属されました。よろしくお願いします！ テストっていうと、期末試験とかのイメージしかないんですけど……テストグループではどんなことをしているんでしょうか？

学生時代のテストは自分がその授業の目標に到達できているか検査を受ける側だったけど、今度は、ゲームが仕様や求められるレベルに達しているか、検査する側になるんだよ！

検査する側って、期末試験でいうと先生ですよね？
なんだか難しそうです……

だから、テストの目的を明確にして、「何を」「どう」テストすべきかを具体的に決めていくことが必要になるってわけ。これもテストエンジニアの仕事なんだよ

ふぇー、難しそうですけど……、私もできるようになりますかね？

だれでも急には難しいですよ。一つひとつ一緒にやっていきましょう！ 先輩さんはチームリーダーとしてしっかりサポートしてくださいね

はりきっていくぞー

どうかお手やわらかに……!!

テストを行う部署の位置づけ

新人ちゃんが配属されたのは、ゲーム制作会社で品質保証（QA：Quality Assurance）を行う部署で、その中でもテストを行うグループです。QA とは、ゲームの品質が一定の基準に達しているかを確認することで、テストはその確認方法の一つです。テスト以外には、仕様書やソースコードのレビュー、スケジュールや人員の最適化などプロダクト品質・プロセス品質にかかわる業務が広く QA に含まれます。

新人ちゃんのゲーム制作会社では、QA・テスト部署が開発部署から独立しており、組織を横断してサポートできる体制を採っています。この他に、開発部署の中でテストを行う場合や、QA やテストを専門に行っている会社もあります。

テストを行う部署ではどんなことをしている？

テストにかかわるなら何でも行う可能性があります。といっても、まったくの新人なら、まずは「テスト実施」と「テスト結果の報告」から担当することが多いでしょう。実施に慣れてきたら、「テスト設計」「テスト結果の分析」「テスト計画の策定」と、徐々にかかわる範囲が広くなっていきます。

明確な定義があるわけではありませんが、実施と報告を行うメンバーを「テスター」、テストにかかわるひととおりのプロセスを行うメンバーを「テストエンジニア」と呼び分けることもあります。本書では、新人ちゃんはテスター、先輩と上司はテストエンジニアという立ち位置です。

なお、テストを専門的に行うにあたって、プログラムの知識や開発経験は絶対に必要というわけではありません。知識があればなおよしですが、新人ちゃんのようにプログラムが全然書けなくても、テストエンジニアを目指すことは可能です。

部署とチーム

ゲーム会社では、複数のゲームを開発・運営しているところも多くあります。新人ちゃんの会社でも複数のゲームを運営しており、担当するゲームタイトルごとにテストチームが設けられています（チームの構成については会社によって多少異なります）。

チームが異なる場合でも、ゲームシステムの根幹にかかわる部分や似たつくりを利用している部分など、品質やテストにかかわるノウハウはチーム間で共有されます。また、必要に応じて、別のチームを短期間サポートすることもあります。

02 ゲームテストってなにするの？

新人ちゃんは、ゲームは好き？

大好きです！ つい遅くまで遊んじゃいます～

じゃあ、今まで遊んだゲームで、バグに遭遇したことはある？

めちゃめちゃありますよー。この間は楽しみにしていたイベントで、
開始時間に合わせて待機していたんですけど、
なぜかアプリが起動しなくなったことがありました……

あちゃー、それは悲しいね……。しかし、ユーザーにそんな思い
をさせないために、ゲームテストを通してバグがリリースされて
しまうのを防ぐことが私たちのミッションなのだよ!!!

えっと……

 ## さまざまなバグ

　ゲームテストを行う目的は、ゲームがリリースされる前にバグを見つけることです。
バグとは、プログラムの誤りのことで、ゲームプレイ上は「ゲーム自体が進行できな
い」「表示のされ方がおかしい」「ゲームの仕様と異なる」などの現象として現れます。
テストを実施するときは、事前に用意されているテストケースや手順に沿って行うこ
とが多いですが、その期待結果と異なる現象が起こったときは、バグだと考えてよい
でしょう。

　新人ちゃんが遭遇したようなゲーム自体が進行できなくなるバグを見つけたら、重
大なバグとして、開発チームに修正を依頼しましょう。基本的にはできるだけバグを
修正してからリリースしますが、ゲームの進行を妨げない軽微なバグは、場合によっ
ては修正を見送ることや、修正しないこともあります。

ユーザーに悲しい思いをさせない

　ゲームテストでは、ゲームの世界観やユーザー感情についてもテスト内容として考
慮する必要があります。一般的なソフトウェアテストではあまり考えることはないか
もしれませんが、ゲームテストでは非常に重要なポイントです。

　世界観については、極端な例を挙げれば、物腰やわらかいはずのキャラクターが、ドクロマークのTシャツを着ていたらどうでしょうか？　あるいは、中世ヨーロッパの世界観で構成されているのに、アイテムに和柄が使用されていたらどうでしょうか？

　また、ユーザー感情について、例えば「ゲームを続けて遊んでもらえるか」というポイントで、1万円のアイテムセットを購入したのに、ゲームの進行にそれほど役に立たないものばかりだったらどうでしょうか？　体力が1つ回復するのに2時間かかるのに、体力を1つ消費して進められるステージが10分で終わってしまったらどうでしょうか？

　世界観やビジュアルについては、ゲームをプレイしなくても、仕様書やキャラクター設定資料などで確認することもできます。このようなドキュメントの確認もテストに含まれます。

 なるほど、ゲームを楽しく遊んでもらうためにも大事なことなんですね

 そのとおり！「仕様どおり動作するか」を確認するテストと「意地悪なプレイをしてもバグが発生しないか」を確認するテストがあることを覚えておくと、テストで役に立つよ

 意地悪なプレイ……　考えたことなかったです……

 まあ、最初のうちは、テスト手順書に記載されている手順に、正確に沿って実施すれば大丈夫だよ！　テストするゲームへの理解や、操作にも慣れたいし、まずは手を動かしてみようか！

 はーい！

03 目指せ！ ゲームテスト攻略！

この本では、次のような流れでゲームテストについて学び、身につけていきます。

まずは実際にテストを行い、バグを見つけることに慣れるようにします。バグを見つけて、わかりやすい報告ができるようになったら、ゲームテストの種類や設計のしかたなど、テスト実施以外の部分もできるようになることを目指します。

各 Stage では以下の内容について説明しており、少しずつゲームテストについての理解を深められるような構成になっています。一つひとつクリアして、ゲームテストに親しんでいきましょう。

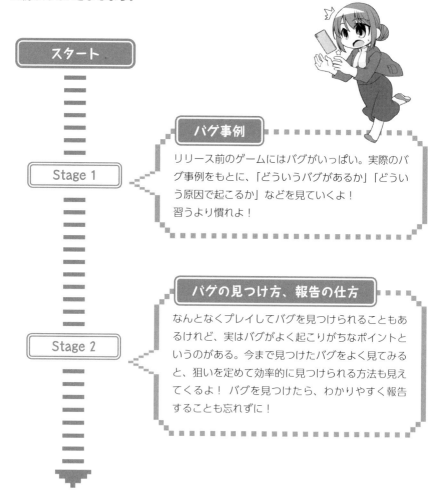

スタート

Stage 1

バグ事例

リリース前のゲームにはバグがいっぱい。実際のバグ事例をもとに、「どういうバグがあるか」「どういう原因で起こるか」などを見ていくよ！
習うより慣れよ！

Stage 2

バグの見つけ方、報告の仕方

なんとなくプレイしてバグを見つけられることもあるけれど、実はバグがよく起こりがちなポイントというのがある。今まで見つけたバグをよく見てみると、狙いを定めて効率的に見つけられる方法も見えてくるよ！ バグを見つけたら、わかりやすく報告することも忘れずに！

ゲームテストいろいろ

テストプレイ以外にも、いろいろなゲームテストがある。ゲームテストのいろいろな種類について学ぼう！

Stage 3

ゲームテストの作り方

今までテスト実施について見てきたけど、テストのプロセスは実施だけじゃない！ 実は、テストを計画したり設計したりすることも、テストの大切な一部分。
何を考えて、どうテストを作っているかを知っておくと、実際にテストするときにも今まで気にしていなかった部分にも気づくようになるよ！

Stage 4

ゲームテスト全体の流れ

テストの作り方がわかったら、改めてテストの目的から再確認して、ばっちりテストを実施できるようにしよう！

Stage 5

さらによいテストを目指して
ゲームテストは続く……

最弱装備にもかかわらず
ボスキャラクターに勝ててしまうバグ

ガチャを回していたら
レアリティの高いものが
無限に出てきてしまうバグ

ドアに体がめり込んでしまうバグ

ばぐのたいぐん が あらわれた!

よく遭遇するバグ

よ、よろしくお願いします……!!

そんなに緊張しなくて大丈夫だよ。うちのゲームはやったことある？

 はい！「ネコノパズル物語」と「カクレネコ探し」と……

おっ、「ネコシリーズ」のゲームを遊んでくれてるんだね！
かわいいよね〜

 かわいいですね〜。めっちゃ癒されてます！

うん！そんな君にぴったり！なんと、「ネコシリーズ」の最新
作のテストを担当してもらいます！

 わ、いいんですか？

いいのだよ。癒されながらテストしてくれたまえ……といっても、
楽しいことばかりじゃないから、そこは覚悟しておいてね〜

 ネコちゃんのためにはなんのその！

元気だなあ……元気過ぎてちょっと心配だなあ……

まあまあ、フレッシュでいいじゃありませんか

📜 本章でテストするゲーム

　スマートフォンで遊べるアプリゲームです。新人ちゃんの会社で制作しているゲームの一つで、ネコのキャラクターが活躍するカードバトルRPGです。日本だけでなく、海外向けにも配信されています。

　初期配布やイベント報酬、ガチャなどからキャラクターカードを入手し、5体までのパーティーを組んで、冒険（クエスト）に出かけたり、バトルを行ったりするゲームです。グループ機能やミニゲームなどもあり、長く楽しめる要素を追加しながら運用しています。

📜 本章のページの見方

【見つけやすさ Lv】

バグを見つける難易度を3段階で示しています。最初は、Lv 1のバグを見つけられることを目指しましょう。Lv 3のバグは、「見つけられればラッキー」なものも含まれますので、なんとなくこういうバグもあると認識しておく程度でOKです。

【原因】

バグが発生した原因について述べています。テスト担当者はプログラムの中身に関与しないため、はっきり「これが原因」と言い切れないことが多いですが、過去の経験やゲームの挙動から、なんとなく「このあたりが原因じゃないかな？」と推測することは可能です。

【対策】

テストでバグを見逃さず検知できるようにするための対策について説明しています。また、そもそもバグが発生しないようにするための対策についても、テスト担当者の立場から提案できることがある場合は、ここで述べています。

【バグ報告書】

バグを見つけたら、バグ報告書を作成し、テストチームや開発チームなどの関係者に共有できる形にします。バグ報告書の項目は、プロジェクトやゲームによって多少異なる場合があります。

【ここにも注目！】

ページ内で登場したバグに関連して、ついでに知っておくと何かの際に役立つかもしれないことを説明しています。

超必殺技!?

お昼
行きま
しょー

先輩 午前中のテスト
終わりました!!

お早かったね〜!
すごいじゃん

ぶいっ

新キャラの技が
すごく強くて
ボスも楽勝でした!!

そんなに
すごいの…?

そんな技
あったっけ?

じゃん…!!

99999

ほら この技出してる
とこ見せて

ほらこの技ですよ!
すごく強いですよね!!

ハハイ!……

99999で

いやいや
こんなダメージに
ならないって

これはバグだよ
仕様はちゃんと
見ないと!

バグ報告書

[概要]
【新キャラ追加】新規キャラクター「メインクーン」の新技「しっぽ絞め」使用時のダメージが想定よりも 10 倍大きい

[優先度] 高：絶対直す

[バグ詳細]
バトル全般において、新規キャラクター「メインクーン」の新技「しっぽ絞め」使用時のダメージが想定よりも 10 倍大きい

[確認手順]
前提条件：Lv.100（攻撃力 3200）の新規キャラクター「メインクーン」をパーティーに編成する（その他のキャラクターは任意で設定する）

1. クエストの任意のステージを選択する
2. ステージ内でバトルを実施し、新規キャラクター「メインクーン」の新技「しっぽ絞め」を使用する
→ 敵キャラクターへのダメージが 48000 になる

[再現率] 3/3（100%）

[期待結果]
新技「しっぽ絞め」使用時のダメージが、攻撃力の 1.5 倍（4800）になること

👻 原　因

　技に関するパラメータ（設定値）に入力ミスがあったため起きたバグです。

　ゲームのキャラクター、技、アイテムなどは、さまざまな関連データを設定することで構成されています。例えば、キャラクターであれば「レベル」「HP」「MP」「ちから」「すばやさ」「たいりょく」「かしこさ」など、技であれば「攻撃力150%」「属性（火・水・土・風）」「まひ」「どく」「すいみん」などの各データを設定します。いずれもゲーム全体の世界観やシナリオに合わせてデザインされているものです。

　スマホゲームでは、長く楽しんでいただくために新しいキャラクターやアイテムがどんどん追加されています。バリエーション違いも含めるとキャラクターだけで数千種類になるものもあり、その一つひとつに数十から数百のデータが紐づいています。特に初期からあるデータは手動で設定されているものも多く、ある程度のバグはつきものです。

🎵 対　策

　データ実装時にデータベースの値が仕様書と合致しているかを確認します。各種データのソースコードを参照して確認する場合と、実際のデータベースの値を直接参照して確認する場合があります。このように文書やソースコードをチェックするといった方法で行うテストを「静的テスト」といいます。

　もちろん、今回のケースのように、通常のシステムテストでも確認できます。このようにプログラムを実行したり、ゲームをプレイしたりして確認するテストを「動的テスト」といいます。

📝 ここにも注目！

　影響範囲の確認として、同時期に追加した他の新規キャラクターについても、仕様と異なる点がないか、データベースなどの確認とテスト実施を行うことをおすすめします。

02

覚醒!? 急成長!!

先輩 見てください!
推しが最高なんです～

推しキャラ?
どれどれ?

新キャラのミケちゃんなんですけどLv.50にすると……

ほら!
すごく強くなるんです!

R ミケ
LV50

攻撃力：150up!
防御力：256
俊敏性：562

攻撃力がいきなり50も上がってる……!?

すごいですよね!!

いやいや さすがにおかしいでしょ!!
ちゃんとゲームデザイン確認して!

ミケちゃん最高!!

キャー―!!

バグ報告書

[概要]

【新キャラ追加】 新規キャラクター「ミケ」がLv.50になるときの攻撃力上昇値が、通常時よりも約10倍高い

[優先度] 中：直す

[バグ詳細]

新規キャラクター「ミケ」がLv.50になるときの攻撃力上昇値が、通常時よりも約10倍高い

[確認手順]

前提条件：Lv.49かつレベルアップ直前までの経験値を持っている状態の「ミケ」を付与する

1. 任意のバトルを実施し、ミケをLv.50にする

2. 攻撃力の上昇値を確認する

→ 攻撃力の値が約50上昇している（通常1レベルあたり約5上昇する）

[再現率] 3/3（100%）

[期待結果]

Lv.50になったとき、通常のレベルアップ時と同程度（約5）攻撃力が上昇すること

👻 原　因

　このバグは、レベルアップ時における攻撃力の基礎上昇値に関する設定が誤っていたため発生しました。レベルアップ時の各能力値の上昇値について、ある程度のカテゴリ（成長型、職業など）での一括設定ではなく、個別のキャラクターごとに設定していたために、新規キャラクターを追加する際に入力ミスが生じ、バグにつながってしまったものと考えられます。

🔎⋆ 対　策

　各キャラクターのレベル上昇ごとに、今までのペースを大きく逸脱するような成長が発生していないか確認します。また、バグが生じたレベル（今回の例では Lv.50）において、他の各能力値も想定外の値になっていないか確認しておくとよいでしょう。
　ゲームはバランスを大事にして作られているので、突然成長したり急に難しくなったりすることはほとんどありません。想定範囲外の成長をしている場合は、バグの可能性があると考えてください。もちろん、シナリオ上の理由などで難易度を調整することはありますので、シナリオやコンセプトを確認したうえで、バグかどうかを判断しましょう。

📝 ここにも注目！

　レベルや成長設計にはさまざまなパターンがあり、事前にゲームデザインや考え方を把握してからテストに臨むと、バグを見つけるうえで助けになります。
　ゲームのジャンルや世界観などによって異なりますが、例えばロールプレイングゲームでは、以下のようなパターンが考えられます。
● **成長型**
・早期型：早い時期に育つため、ゲーム序盤で活躍する
・晩成型：早い時期は能力値の上昇が小さいが、ゲーム後半に育ちやすくなり活躍する
・標準型：成長の波がないため、ゲーム全般で手堅く活躍する
● **職業**
・戦士・拳闘士：「ちから」「たいりょく」などが成長しやすい
・盗賊・狩人：「すばやさ」「きようさ」などが成長しやすい
・魔法使い・僧侶：「かしこさ」「まりょく」などが成長しやすい
● **レアリティ**
・レアリティが高いものほど、各能力値が高くなる傾向がある

最強のスライム？

バグ報告書

[概要]
【バトル画面】あと一撃でモンスターを倒せそうなとき、攻撃してもダメージが与えられないことがある

[優先度] 高：絶対直す

[バグ詳細]
バトルでモンスターにとどめの攻撃を加えたとき、ダメージが追加されず、モンスターを倒せないことがある
※ ダメージ演出は表示される
※ 武器を装備しないケースにおいて、モンスターを倒せることもあった

[確認手順]
1. バトル画面に遷移する
2. モンスターを攻撃して、あと一撃で倒せる程度までダメージを加える
3. 攻撃を加える
→ ダメージが追加されず、モンスターを倒せない

[再現率] 7/10（70%）

[期待結果]
最後の一撃のダメージが正常に与えられ、モンスターを倒せること

👻 原　因

　今回のバグは、モンスターを倒す判定ロジックに誤りがあったため生じたものです。

　モンスターを倒したと判定する条件を、正しくは「HP が 0 以下（HP<=0）」とすべきところ、誤って「HP が 0（HP=0）」としていました。そのため、武器を装備しているなど、攻撃力が高いほど倒せないという現象が起こりやすくなっていました。武器を装備していないケースでは攻撃によるダメージが比較的低くなるため、HP がちょうど 0 になる確率が高くなり、モンスターを倒せることもあったようです。

🔑 対　策

　今回のバグを検知するには「ちょうどのダメージでモンスターを倒すパターン」と「過剰なダメージでモンスターを倒すパターン」の 2 つのテストを実施する必要があります。「過剰なダメージを与えた場合にどうなるか」を意識してテストしないと見落としてしまう可能性が高いので、境界値分析（→ P.160 参照）を行い、HP がマイナスになるケースを忘れずにテストに盛り込むようにしましょう。

📝 ここにも注目！

　スマホゲームでは、一つのゲームの中でもバトルの種類が複数あり、それぞれプログラムの処理の仕方が異なることがあります。「通常バトルで大丈夫だったから、ボスレイド戦でも大丈夫だろう」と早合点するのではなく、他のバトルでもテスト観点として考慮してみると、よりよいテストができます。

〈さまざまなバトルの種類〉
・通常モンスターとのバトル
・1対多数（ボスレイド戦）
・プレイヤーどうしのバトル（PvP）
・ギルドどうしのバトル（GvG）　　など

無限に限界突破？

バグ報告書

[概要]

【新キャラ追加】新規キャラクター「シロネコ」がレアリティごとの既定の回数を超えて限界突破する

[優先度] 中：直す

[バグ詳細]

新規キャラクター「シロネコ」（SR）が3回を超えて限界突破できる（8回まで確認済）

※ 他のSRは3回まで可能

[確認手順]

1. トップ画面から「育成」を選択して育成画面に遷移する
2. 育成画面で「シロネコ」（SR）を選択し、強化画面に遷移する
3. 強化画面で、合成対象として「シロネコ」（SR）を4枚選択する
4. 「強化」を選択し、限界突破を実施する

→ 限界突破数が「4」になる

[再現率] 3/3（100％）

[期待結果]

3回を超えて限界突破を行おうとすると、「MAX」と表示され、それ以上限界突破できないこと

👻 原　因

　このバグは、限界突破の最大値を決めるパラメータ（設定値）に不備があったために起きてしまったものです。

　限界突破の最大値を決めるパラメータが、キャラクターのレアリティごとに一括ではなく、カードごとに設定されていました。そのため、新規キャラクターのカード追加にあたって、カードごとのパラメータを入力する必要が生じますが、その際に入力ミスしてしまったものと考えられます。

　根本的には、データ構造の設計が不十分だったことが原因です。レアリティごとに一括でパラメータを設定する方法であれば、新規キャラクター追加の度にカードごとに設定する必要はありません。もし将来、全体として限界突破の最大値を変更したいとなった場合でも、レアリティに紐づいた最大値を変更すれば、一か所の変更で済みます。

　パラメータをデータベースで管理している場合、データベースの正規化を行うことで、上記のような「同じ内容のデータを一か所で管理するデータ構造の設計」を実現できます。同じようなデータがたくさん出てくる場合、データを正規化することでテスト範囲も絞られますので、テストの効率化が可能です。

👄* 対　策

　各キャラクターの他のパラメータについても、仕様どおりの値になっているかテストすることをおすすめします。ただし、データベースが正規化されており、データ構造の設計上同じ値が入ることが保証されている場合、同じデータ群（今回の場合はレアリティ）から一つのケースを実施すれば、同じレアリティの他のキャラクターについては動作が保証されると考えてよいでしょう。

📝 ここにも注目！

　今回のようなパラメータのバグを発見した場合は、影響範囲の確認として、関連する他のパラメータについても確認が必要です。

　ただし、動的テストで確認すると工数が増大してしまいますので、静的テストとしてデータベースとアセットを確認することをおすすめします。簡単な方法としては、各キャラクターのパラメータを列挙して特異点（他と比較して大きく逸脱した値）を探すという方法があります。今回の場合は、同じレアリティのキャラクターについてまとめてみると見つけやすくなります。

頭からオーラが生えてきた

今度の新キャラすごく可愛いですね！

あんまり他で見ない感じで個性的で!!

ヘー個性的ねぇ……どのキャラ？

この子なんですけど髪形が変わってって——

ど〜〜ん

がーーん

これ、髪じゃなくてアセットの表示座標が間違っているのでは……？

バグ報告書

[概要]
【新キャラ追加】新規キャラクター「ベンガル」のオーラが頭の上に表示される

[優先度] 高：絶対直す

[バグ詳細]
新規キャラクター「ベンガル」の必殺技「水しぶき」を使用した際、エフェクトとして表示されるオーラが頭の上から噴き出しているように表示される

※ 他のキャラクターの場合、体全体を覆うように表示される

[確認手順]
1. 「ベンガル」をパーティーに編成し、任意のバトルを開始する
2. 「ベンガル」の必殺技「水しぶき」を使用する
→ エフェクトのオーラが頭の上に表示される

[再現率] 3/3（100％）

[期待結果]
オーラが体全体を覆うように表示されること

🐙 原 因

　このバグは、アセット（素材）の表示位置情報が間違っていたために生じたものです。

　キャラクターのアセット関連情報には、表示位置・表示方向・移動方向・拡大・縮小・レイヤー（重ね表示順）などのさまざまな種類があります。このうちの１つでも誤った値を設定してしまうと、表示や動作が想定と異なるのはもちろん、表示自体がされなくなることも起こり得ます。今回の事例では「オーラの表示位置が誤っており髪形のように見えてしまう」というバグでしたが、例えば、表示方向を間違えて上下逆転させてしまうと、ロケット噴射のような形になり、またしても想定外の表示になってしまいます。

🔑 対 策

　このタイプのバグを発見するには、まずは、スマートフォン、タブレットなどの実機を用いたシステムテストの中で、各キャラクターの行動・技などを確認します。もし、アセットの組合せを擬似的に確認できるデバッグ機能などのツールが用意されていれば、それらを活用して効率的にテストを行いましょう。

📝 ここにも注目！

　表示アセット関連のバグは多岐にわたり、今回のバグのような関連情報の設定ミスもあれば、そもそも表示すべきアセット自体を間違えてしまう（別のキャラクターのパーツを表示してしまう）こともあります。

　ゲームが進行できなくなることはありませんが、バグの内容によっては世界観が損なわれてしまい、ユーザー体験という意味で、品質に大きな影響を与えます。特に原作があるゲームやメディアミックス（「IP コンテンツ」「IP もの」などと呼ぶ。IP は Intellectual Property の略で、知的財産のこと）などの場合、致命的になることもあるので、こうした見つけやすいバグはリリース前に取り除いておきたいですね。

　また、エフェクト関連のアセットは、使用キャラクターやシーンによって見え方が変わるため、一つのキャラクターだけで判断しないようにしましょう。キャラクターやエフェクトの種類が多いゲームでは、どういう場面でバグが発生しやすい／データが競合しやすいのかを次のポイントで分析しておくとバグを発見する助けになります。

❶ **タイミング**　通常姿勢・攻撃時・防御時・倒した時・倒された時・反撃時など
❷ **部位**　頭・胴体・腕・足・衣類など
❸ **エフェクト**　オーラ・爆発・火・氷・雷など

無重力？ 等速直線運動！

やったー！
ミニゲームで満点達成!!

すごいね～
投擲ゲームって
難しくない？

放物線で落ちるから
角度の調整とかが難しいし
苦手なんだよねー

いやー
楽勝でしたよ？
ガイドに向かって
一直線だったので!!

えっへん！

一直線……？
放物線を描いて
落ちるんじゃなくて
……？

バグ報告書

[概要]
【投擲ゲーム】ミニゲームにおいて投射物の軌道が放物線を描かない

[優先度] 高：絶対直す

[バグ詳細]
ミニゲームの投擲ゲームにおいて投射物（石）を発射すると、放物線状に落ちるはずが、まっすぐ一直線で飛んでいく

[確認手順]
1. ミニゲーム（投擲ゲーム）を開始する
2. 投射物を45°以上の確度で発射する
※ あらゆる角度で発生するが、45°以上で現象を確認しやすい
→ 投射物が一直線に飛ぶ

[再現率] 3/3（100%）

[期待結果]
投射物を発射すると、放物線を描いて飛んでいくこと

👾 原　因

　投射物が発射されてから落ちるまでの軌道を求めるための物理演算で使用する、重力加速度の値が誤って設定されていたため発生したバグです。本来、重力加速度「9.8m/s²」のところ、はるかに小さい値が設定されており、重力の影響を受けていないように見える動きになってしまいました。

🔎 対　策

　テストで検知するためには、システムテストの序盤の段階で、各機能が世界観（物理法則）に則した内容になっているかを確認するようにしましょう。

　今回の事例では、特殊な世界観ではなく日常的な世界を背景としているため、通常どおりの重力加速度がかかります。ですが、世界観によっては、異なる物理法則が適用されることも考えられます。日常と地続きの世界であっても、宇宙空間を前提としたゲームなら重力は地球と異なるはずですし、水中であれば水圧も考慮すべきです。また、投げるものによっても放物線の描き方は変わります。極端にいえば、銃を使っている想定なら、（実際は重力がかかりますが）一直線に飛ぶこともゲーム上の演出として許容できる方も多いのではないでしょうか。

　このような動作にかかわるものは、単体テストや結合テスト段階では発見しづらいため、システムテストで確認するポイントとして認識しておくとよいでしょう（→テストの段階については P.130 を参照）。

📝 ここにも注目！

　このように、世界観やコンセプトによって適用される物理法則は変わってきます。今回の事例は「重力・重力加速度」でしたが、この他にも「加速・減速」「慣性の法則」「摩擦」「流体」「空気抵抗」「表面張力」「反射」など、さまざまな物理法則を考慮してゲームの世界を構築しています。

　より本質的なテストを実施するためにも、ゲームの世界観を保つためにどのような物理法則が適用されるべきか、ぜひ意識してみてください。

背景に埋もれて
キャラクターが見えない！

かっ……可愛い……！

新人ちゃんすごい顔になってるよ

ハッ！！すみません！可愛すぎてつい……

追加の密林フィールドだと耳と尻尾しか見えなくて

かくれんぼしてるみたいで可愛いんですよ〜

たしかに可愛い……

けど……

ぴょこ、

すーん…

バグですよね……

バグだねぇ……

バグ報告書

[概要]
【新規フィールド】キャラクターが背景に隠れてほとんど見えない

[優先度] 中：直す

[バグ詳細]
新規フィールド「密林」のバトル画面で、背景と思われる植物の画像がキャラクターよりも手前に表示されており、キャラクターがほとんど見えない

※ バトルの進行に支障はなく、ステージはすべてクリアできる

[確認手順]
1. クエスト VII の任意のステージを選択する
2. バトルを実施する
→ 植物の画像がキャラクターより手前に表示され、キャラクターがほとんど見えない

[再現率] 3/3（100%）

[期待結果]
植物の画像がキャラクターより奥に表示され、キャラクターの姿全体がはっきり見えること

👻 原　因

　背景のレイヤー設定に誤りがあったため発生したバグです。レイヤーとは、「層」や「重ねること」を意味し、ゲーム開発では、複数の画像を重ね合わせて一つの画面を表示する機能を指します。ゲームの他にも、グラフィック関連分野で広く使われる概念です。

　ゲームの画面は、一枚絵で描かれているわけではなく、複数の画像を重ね合わせて一つの画面を構成しています。細かい部分はゲームによって異なりますが、背景、キャラクター、エフェクトなど、パーツごとにレイヤーを分けることが多いです。

　小さめのオブジェクト（足もとの草や、1～2本程度の蔦など）であれば、キャラクターの手前に配置することもありますが、今回は、後方に配置すべき大きいオブジェクトをキャラクターの手前に配置してしまい、バグが発生しました。

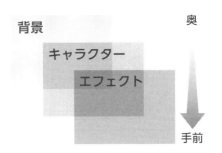

図　レイヤーのイメージ

🔑 対　策

　非常に基本的なことですが、新しく追加された画面では各種オブジェクト（背景、植物、岩、建築物、壁など）が仕様どおりに配置されていることを確認しましょう。

　小さなオブジェクトでも正しく表示されていないと、ユーザーにとって大きな違和感をおぼえる引っかかりになり、世界観を損なうこともあります。

📝 ここにも注目！

　キャラクターと各種オブジェクトの例について説明しましたが、キャラクターどうしの場合も、前衛・後衛などの立ち位置によってレイヤーが異なることがあるので注意しましょう。また、それぞれの画面・機能ごとにレイヤーの構成を把握しておくことも、バグ検出の一助になります。

なぜ、この OSだけ？

ん？
必殺技のカットインが
表示されない……
これはバグかな……

あれ？
さっき私が試したとき
ちゃんと表示されてたよ？

こっちでは
表示されないんですよ

こっちは
ほら

動く

え～…

あせあせ

……とりあえず
OSが違うな……でも、でも

同じOSの
別のスマホで
試してみます！！

バグ報告書

[概要]
【新機能】バトル画面での必殺技カットインが表示されない

[優先度] 中：直す

[バグ詳細]
iOS でのみ、バトル画面での必殺技カットインが表示されない

・発生環境：アプリ ver. 3. 18. △
　端末 iPhone □□　OS iOS ×× .0. ×

※ 下記環境ではバグは再現しない
　アプリ ver. 3. 18. △ 端末 Android ◇◇
　OS Android ○○ .1

[確認手順]
前提条件①：必殺技のカットインがある
　キャラクターをデッキに編成する
前提条件②：設定画面で「カットイン表示」
　をオンにする
1.　任意のフィールドで戦闘を実施し、バ
　トル画面に遷移する
2.　カットイン対象の必殺技を発動させる
→ 必殺技発動の際に、カットインが表示
　されない

[再現率] 3/3（100%）

[期待結果]
カットイン対象の必殺技を発動すると、
カットインが表示されること

原　因

　特定の OS だけで発生するバグの原因として、よく起こりがちなものに、次の 2 つがあります。

　① 利用しているゲームエンジンや開発プラットフォームのライブラリに不備があり、特定の機能が OS に対応していない

　② iOS 向けと Android 向けを別々で開発しており、どちらかのプログラムだけにバグがある

対　策

　上記「原因」②の場合は、一般的なバグと同じように対応しますが、①の場合は、当該 OS や特定のバージョンをサポート対象とするかどうかを検討する必要があります。バグが発生した環境が iOS や Android の最新バージョンである場合は、シェアが大きいため対応を行うことが多いです。反対に、マイナーな OS や、メジャーな OS でも古いバージョンは、アプリの動作保証外とし、対応しないこともあります。

　いずれの場合も、開発や企画の担当者と連携して検討するとよいでしょう。また、具体的な開発上の原因は、ゲームエンジンや開発プラットフォームによって異なりますので、開発環境や方法を把握しておくことで原因を特定しやすくなります。

ここにも注目！

　過去にあった大きなバグで、絵文字の組合せや特定の文字を表示しようとすると、アプリや OS がクラッシュするというものがありました。文字コードの中に制御コードが含まれていることが原因で、表示しようとするとシステムが処理できずフリーズやクラッシュが生じてしまいます。

　OS によるバグは根本的に取り除くことができないため、似た文字に置換して表示する、該当の文字は表示させない・入力させないなどの対策を行いました。

同じブラウザに見えても実態は……!?

バグ報告書

[概要]

【お知らせ画面】新規イベント動画が、特定のブラウザ・バージョンで再生されない

[優先度] 中：直す

[バグ詳細]

お知らせ画面の新規イベント情報内の動画が、特定のブラウザ・バージョンで再生されない

・発生環境：端末 ○△社 □○○ -10
　OS Android ××.×.××
　ブラウザ Chrome ○○○.0.00.00

※ 同じ機種でもブラウザ・バージョンが
　古い場合、本現象は発生しない

[確認手順]

1. ホーム画面で「お知らせ」を選択し、
　お知らせ画面に遷移する

2. お知らせ画面で「春の花見イベント」
　を選択し、イベント情報画面に遷移する

3. イベント情報画面の中段にあるイベント動画画像をクリックする

→ 動画が再生されない

[再現率] 3/3（100%）

[期待結果]

イベント動画画像をクリックすると、動画が再生されること

👻 原　因

　今回のバグは、最新バージョンのブラウザで新しく追加された機能が原因です。ふだん気にすることはあまりないですが、ブラウザのバージョンアップは頻繁に行われています。変更の内容は、セキュリティ改善・機能追加・不具合修正など多岐にわたります。ちょっとした変更であることも多く、たいていは大きな影響はありません。

　ただし、セキュリティを強化し過ぎて、古いバージョンで使えていた既存の機能をブロックしてしまうなど、まれにバグが発生することがあります。多くの場合は早急に修正されるため、ユーザーがバグに気がつく前に対応が終わっていることもあるかもしれません。他にもブラウザのバージョンアップで起こりやすいバグとして、次のようなものが考えられます。

〈ブラウザ起因バグの例〉

・画面レイアウト崩れ　・表示が途中で切れる　・画面遷移しない
・動画・音楽が再生されない　・クラッシュ

🔎 対　策

　今回のケースは、システムテストの互換性確認の過程で発見したバグで、まずはブラウザのバージョンについてのサポート範囲を検討する必要があります。どこまでサポート対象とするかの検討は、シェア（ユーザー比率）などのデータをもとに行います。なお、シェアの収集方法は組織によって異なるので、テストリーダーや開発チームに確認しましょう。サポート対象はサービスの規模によって異なり、ユーザー数が多いゲームでは、サポート範囲も広い傾向にあります。

　また、ブラウザの大規模バージョンアップは、OS のメジャーバージョンアップに伴ってされることが多いです。その要因になる OS のメジャーバージョンアップは、リリース前に β バージョンが公開されることもあります。こうした場合は先行してテストを行い、バージョンアップによる影響がないか確認するとよいでしょう。

📝 ここにも注目！

　ブラウザが影響するのは、ブラウザゲームだけではありません。アプリ内で Web サイトを表示させる場合（このような機能を「WebView」といいます）は、スマートフォンの標準ブラウザのエンジンを使用するため、注意が必要です。

　WebView は、アプリのバージョンアップを行わずに内容を変更できるため、お知らせ画面などでよく使用されています。OS やブラウザのメジャーバージョンアップの際には、テストを忘れないようにしましょう。

10

奥義！16連打！

仕様どおりなのは
確認できたから
今度は異常系のテストを
してみようか

異常系？

例えばボタンを連打したり
強制終了させてみたり
想定外の操作をしてみる
テストのことだね

なるほど
連打ですか
早速やってみます！

うん！
大丈夫そうですね！

いたた

甘いですね

テスター奥義！
16連打!!

エラー!!
エラー!!
エラー!!
エラー!!

バグ報告書

［概要］
【メニュー】メニュー画面のボタンを連打
すると、エラーが発生する
［優先度］低：軽微なバグ
※ 通常のプレイでも起きる可能性が高け
れば「中」とする
［バグ詳細］
メニュー画面のボタンを高速で連打する
と、エラーが発生する
※ 1秒に10回以上の連打で発生しやすい
［確認手順］
1. メニュー画面を表示する
2. メニュー画面内のボタン「編成」「ア
イテム」「設定」のいずれかを高速で
連打する
→ エラーが表示される
［再現率］4/5（80%）
［期待結果］
メニュー画面のボタンを高速で連打した
際、エラーが表示されないこと

原 因

　ゲームでは、画面上のボタンなどの UI（ユーザーインターフェース）をクリックやタップすることで、プログラム上の処理が行われます。高速連打など、荒っぽい操作や意地の悪い操作を想定していない場合、処理が動いている間もボタンの入力を受けつけてしまい、何回も処理が実行されたり、思いもよらないエラーが発生したりしてしまいます。例えば、「画面を新しく開く」ボタンなら「画面がいくつも開く」、「アイテム消費」ボタンなら「1 つしかないアイテムなのに何回も使える」などということも起こり得ます。

　ただし、連打によって起こるバグはスピードやタイミングによって再現できないこともあります。開発担当者にとってはつらいバグの一つかもしれません。

対 策

　あらゆる画面やボタンで起こり得るバグなので、検知するためには一つひとつ試してみるしか方法がありません。しかし、すべてを試そうとすると膨大な時間がかかってしまい、現実的には難しいです。そこで、まずはプログラムの設計としてボタン連打対策が共通化されているかを確認してみましょう。共通化されていれば、テスト範囲がぐんと小さくなる可能性があります（具体的には開発側と相談して決めます）。ただし、データの登録やアイテムの消費などの重複処理については、ユーザーへの影響が大きいため、必ず個別にテストしておきましょう。

　メニュー画面のボタンやアイテムの消費ボタンは、ボタンを押したらすぐに画面遷移、アイテム消費などの処理が行われますが、ボタンを押してから処理が開始されるまでに時間が空くものは、連打操作によるバグが特に起きやすいです（例えば、バトル画面の必殺技で、他のプレイヤーを待ってから発動する場合など）。テストの際は、特に意識して実施してみてください。

ここにも注目！

　上記以外にも、連打されることで時間のかかる処理が複数回行われ、処理が重くなるなど、パフォーマンスに影響することもあります。また、連打した分だけ何度も処理が繰り返されるとか、待ち時間が発生することも起こり得ます。テスト結果を確認するときには、これらの点にも注意しましょう。

　異常系のテスト（→ P.134 参照）は他にも、強制終了、複数ボタンの同時押し、通信遮断、電波状況を弱めてみるなど、さまざまなものがあります。これらの操作も本ケース同様、処理の開始タイミングに行うことでバグが起きやすい傾向にあります。

見つけやすさ Lv

昨日まで動いていたのに

先輩！助けてください！！
昨日まで動いていたのに今日になって急に動かなくなっちゃいました……

ちょっと見せてー

わ〜っ

あー これはたぶんデグレしてるねー

デグ……？

どーん

アプリをバージョンアップしたはいいけど前より悪くなっていることを「デグレード」！

略して「デグレ」という！

しみじみ

「エンバグ」や「先祖返り」も同じような意味になりますね

私の若いころは毎週のようにデグレードしていましたねぇ……

バグ報告書

[概要]
【バトル画面】バトルを開始できない
[優先度] 高：絶対直す
[バグ詳細]
バトル画面に遷移した後、バトルを開始できない
・発生環境：アプリ ver. 3. × .10
※ 下記バージョンではバグが再現せず、バトルを開始できた
　　アプリ ver. 3. × .09
[確認手順]
1. 任意のステージでバトルボタンを選択し、バトル画面に遷移する
→ 操作ができず、バトルを開始できない
[再現率] 3/3（100%）
[期待結果]
バトル画面に遷移した後、バトルを開始できること

👻 原 因

　一部のプログラムがデグレードしてしまったためで発生したバグです。デグレードとは、ソフトウェアやアプリなどをよりよくなるよう改修したはずなのに、前よりもかえって悪くなってしまうことを指します。「先祖返り（データが昔の状態に戻ってしまうこと）」が原因であることが多く、「アプリを更新したら修正したはずのバグが再発するようになった」などの状況がこれにあたります。

　ゲームや他の多くのプログラムにおいて、ソースコードの管理には、GitHubなどの構成管理ソフトウェアが使われています。複数のバージョンをマスター（大本のソースコード）から分岐させて並行開発することも少なくありません。アプリを公開するときは、開発していた分岐の中から公開するものを選んで統合を行うのですが、その際に選択を誤ったりするとデグレードが発生します。また、分岐が増えて管理が煩雑になるとデグレードしやすくなりますのでご注意ください。

🔍 対 策

　定期的なリグレッションテスト（回帰テスト）が有効です。リグレッションテストとは、プログラムを変更した際に、その変更によって他の箇所で予想外の影響やバグが生じていないかを確認するテストです。

　ゲームの成熟度・プロジェクトの進行状況によって、リグレッションテストを行うタイミングは違ってきます。新規開発の場合は、週1回〜月1回程度で定期的にリグレッションテストを実施していることもあります。公開済みのゲームを中長期運用しており、イベントや新規機能などの派生開発を行う場合は、新しいバージョンをリリースする前のタイミングでリグレッションテストを実施することが多いです。

📝 ここにも注目！

　リグレッションテストは、一度テストしたものをもう一度確認するテストのため、基本的に以前と同じ内容をテストすることになります。このため、テストを自動化することも増えてきています。テストの内容にもよりますが、5〜10回以上実施する予定がある場合は、自動化を行い、効率的なテスト実施を検討するとよいでしょう。

同じ文字数なのに見切れが発生する!?

先輩 一番長いキャラ名ってどれですか？

よくテストで使うよ〜

「コーニッシュレックス」の10文字だよ

コーニッシュレックス……と…………

スイ　スイ

SR コーニッシュレックス

あ、ぴったりはまりますね〜

…………って

あれ？

え

SR クリリアンボブテイ

新キャラの「クリリアンボブテイル」も10文字なのに枠からはみ出てます！

バグ報告書

[概要]

【キャラクター】新規バトルのキャラクター詳細画面にて特定のキャラクター名が見切れる

[優先度] 低：軽微なバグ

[バグ詳細]

新規バトルのキャラクター詳細画面にて、キャラクター名「クリリアンボブテイル（10文字）」の右端が表示枠と重なって表示される

※ 同じ10文字の「コーニッシュレックス」は全表示されることを確認済み

[確認手順]

1. テストユーザーにキャラクター「クリリアンボブテイル」を付与する
2. 新規バトルに参加する
3. キャラクター編成画面に遷移する
4. 「クリリアンボブテイル」を選択する
5. キャラクター詳細画面にて、キャラクター名を確認する

→ キャラクター名の右端が見切れている

[再現率] 3/3（100％）

[期待結果]

キャラクター詳細画面にて「クリリアンボブテイル」のキャラクター名が見切れずに表示されること

🮲 原　因

　文字数は同じでも、フォントの種類や文字の形によって、文字列の幅に差が生じることがあります。

　デザイン作成時の設計では最大 10 文字の想定で、当時の最大文字数のキャラクター名「コーニッシュレックス」を入力して確認を行いました。その後、新しく「クリリアンボブテイル」が追加されました。文字数は同じ 10 文字で、規定の文字数の範囲に収まっていますが、従来テストに用いていた「コーニッシュレックス」より幅が広く表示されるため、見切れが発生しました。

🗝 対　策

　文字数が最大かつ、文字全体の幅も最大となるキャラクター名を把握しておき、新しい画面でキャラクター名が使用される際は、最大幅のキャラクター名を設定して画面表示を確認します。また、テスト用のキャラクターを用意できる場合は「W」「あ」など幅が広めの文字をキャラクター名に設定します（例えば、最大 10 文字の場合は「WWWWWWWWWW」とする）。

📝 ここにも注目！

　キャラクター名が表示される箇所で、ユーザーが自由に名前を入力できる場合は、キャラクター名が枠内にすべて収まって表示されるか確認する必要があります。その際、デザインの段階で確認していた文字（ひらがな、英字など）やフォント、文字の詰め方などによって、同じ文字数でも枠の表示限界が変わってしまうことがあります。

　任意の名前を設定することが可能な場合は、最大幅の文字「W」「あ」を使用してテストを行います。

　また、次のようなデザイン以外での対応策も併せて検討すると有用です。

　・枠内にすべて表示されない場合は、文字をスクロールさせる（システム側の修正）

　・文字をタップすると、文字全体のポップアップを表示させる（システム側の修正）

　・キャラクター名の使用文字数をあらかじめ制限する（運用の仕様）

　特に、海外展開を検討しているゲームでは、言語によって日本語での表示と文字数や長さが大きく異なる場合があるため、柔軟に対応できるように事前に相談しておくとよいでしょう。

謎の既視感

オープニング画面の背景すごいんですよ！

見せて見せて！

へ〜　そんなにすごいの？

この世界観の表現……！

これですよ！これ！すごいですよね！

じゃ〜ん

じ〜〜ん

浸ってるとこ申し訳ないんだけど……

何年か前に見た映画のシーンとよく似た映画だったんですよ〜

めちゃくちゃ感動する

えっ？えっ!?

この背景　制作向けの参考画像のままじゃない？

ほら　ここに©が……

TAP START

©映画製作委員会

バグ報告書

[概要]
【アセット設定】オープニング画面で、仕様と異なる背景が表示される

[優先度] 高：絶対直す

[バグ詳細]
ゲームを起動した際のオープニング画面で、仕様と異なる背景が表示される

※ 表示されている背景画像にはコピーライトマーク「©」があり、当ゲームとは無関係の映画作品の一場面である

[確認手順]
1. ゲームを起動する
2. オープニング画面の背景を確認する
→ 仕様と異なる画面が表示される

[再現率] 3/3（100%）

[期待結果]
オープニング画面の背景に、仕様で指定されている画像が表示されること

🎃 原　因

　ゲーム制作では、キャラクターや背景、アイテムなどのイメージを確認するために、実際の制作にとりかかる前にサンプル画像を用いることがあります。イメージ確認のためのサンプル画像をそのまま使って制作してしまったことが原因で、今回のバグが発生しました。

🔑 対　策

　ゲームの世界観や表現を確認するためにサンプル画像を用いる場合、サンプル画像であることがひと目でわかる工夫を取り入れましょう。例えば、サンプル画像の真ん中に「サンプル」という文字を目立つように入れておく、という方法があります。もしアイテムのサンプル画像なら、アイテム名をサンプル文字として入れ込んでもよいでしょう。

　また、サンプル画像を使っているかどうかを一覧化して管理することで、サンプル画像の見落としを防止できるようになります。

図　サンプル画像であることを強調した例

📜 ここにも注目！

　スマートフォンの画面を操作してゲームの背景やキャラクター、アイテムなどの画像表示を確認するのは手間がかかります。スマホゲームの仕組みとして、これらの画像データは、サーバーにある素材をスマートフォンにダウンロードして表示するものです。よって、画像素材が仕様どおりか否かを確認するだけなら、サーバーにあるデータを直接確認すれば、ゲームをプレイして確認するよりも効率よくテストできます。

　ただし、サーバーからダウンロードした素材をスマートフォンの中で組み合わせて描画するゲームもあり、要注意です。このようなゲームの場合、仕組みを事前に把握したうえで、素材を組み合わせて描画するプログラムのみをピンポイントに動かせる環境を用意してのテストがおすすめです。

14

キャラクターの動きと音が
ズレてくる？

バグ報告書

[概要]

【パフォーマンス】オープニングムービーで、キャラクターの動作や口パクが、効果音・セリフとズレてくる

[優先度] 中：直す

[バグ詳細]

ゲームアプリ初回起動時のオープニングムービーで、キャラクターの動作・口パクが、効果音・セリフと徐々にズレてくる

※ オープニングムービー終了後は通常どおりプレイできることから、ムービー再生中に並行して行われるゲームデータのダウンロードはできている様子

※ iOS では発生せず、一部の Android スマートフォンでのみ発生する

※ 特定の OS バージョンに依存しない

[確認手順]

1. ゲームアプリをインストールする
2. アプリを起動する
3. オープニングムービーをスキップせずに再生する

→ 再生中、動きと音がズレてくる

[再現率] 3/3（100%）

[期待結果]

キャラクターの動作・口パクが、効果音・セリフとかみ合って再生されること

👻 原　因

　スマートフォンでムービーを再生する場合、一般的に、YouTube のようにストリーミングで再生する方法と、ムービーファイルをダウンロードして再生する方法があります。上記に加えて、ゲームでは、ゲームアプリの中でムービーを作成しながら再生するという方法をとることもあります。

　ムービーは、素材となる動画と音声を組み合わせて出力することで再生されます。そして、この組合せ処理は SoC（System on a Chip：CPU や GPU などスマートフォンの機能を集約した 1 枚のチップ）が担当するのですが、スマートフォンによっては省電力モードにした場合、SoC の処理能力をあえて低めに抑えることがあります。

　このような機能によって SoC の能力が抑えられると、ムービーの作成処理が遅くなり、結果として動画と音声がズレてくるという現象が発生します。

🔑 対　策

　ゲームアプリにスマートフォンの設定を確認する機能を入れておくと回避できる場合があります。ですが、すべてのメーカーの設定を確認するわけにもいきませんので、「スマートフォンの設定や環境によってはムービーが正しく表示されません。詳しくは FAQ をご確認ください」などと、注意書きで対応することも検討してよいかと思います。

　テストにおいては、音ズレや動画の動作遅延などが発生した場合に、省電力モードなど、CPU の性能を抑える機能の有無や、その機能を有効／無効にしたときの動作確認をそれぞれ行い、依存性がないか確認するようにしましょう。

📝 ここにも注目！

　ふだんゲームをプレイするときは、電車の中などで音をミュートにしたままで行うことも多いですが、テストにおいては、可能な限り音も確認するようにしましょう。効果音が仕様と違う、文字として表示されるセリフと音として流れるセリフが異なるなど、音を出して確認しないと気がつけないバグがあります。なお、実際の現場では、ヘッドホンなどを使用している方が多いです。

同じ操作を繰り返すと画像が真っ黒!?

バグ報告書

[概要]
【パフォーマンス】キャラクターカードが黒く塗りつぶされて表示される

[優先度] 中：直す

[バグ詳細]
特定の Android スマートフォンで、キャラクターカードのキャラクターが表示されず、黒く塗りつぶされて表示される

※ 特定のカードではなく、10 枚のカードが表示される画面でランダムに発生する

※ iOS では発生せず、X 社と Y 社の SoC を搭載している Android スマートフォンでのみ発生する

[確認手順]
1. カード選択画面に遷移する
2. 10 枚表示されるカードのうち、一部のカードが黒く塗りつぶされることを確認する
3. ホーム画面に遷移する
4. カード選択画面に遷移する
→ 手順 2 とは別のカードが黒く塗りつぶされて表示される

[再現率] 3/3（100%）

[期待結果]
カード選択画面で、10 枚すべてのカードが黒く塗りつぶされず表示されること

stage
1

ぱ
ぐ
の
た
い
ぐ
ん
が
あ
ら
わ
れ
た
！
　
よ
く
遭
遇
す
る
バ
グ

原　因

　ゲームで表示されるキャラクターなどのカードは完成した1枚の絵である場合と、いくつかのパーツを組み合わせて構成されている場合があります。どちらもユーザーから見たら1枚のカードですが、表示までのステップは異なります。今回のバグは、後者の、パーツを組み合わせてカードにしているゲームで発生した事例です。

〈表示までのステップ例〉
・1枚の絵の場合：
① カードの画像データを呼び出して表示する
・パーツを組み合わせて絵を構成する場合：
① 背景データを呼び出す
② キャラクターデータを呼び出す
③ キャラクターの周囲に配置する装飾パーツのデータ（カードのフレームなど）を呼び出す
④ 「SR」などの文字データを呼び出す
⑤ 呼び出した①〜④のデータを重ねてカードを作成し、表示する

表　主な SoC メーカーと製品名

OS	メーカー	SoC
Android	Qualcomm	Snapdragon
	Samsung	Exynos
	MediaTek	Helio / Dimensity
	HiSilicon	Kirin
iOS	Apple	A シリーズ

　パーツを組み合わせる処理は、スマートフォンの SoC が行っています。SoC はシステム（ハードウェア）に必要な機能を1枚のチップにまとめたもので、スマートフォンの場合、主な構成要素は CPU と GPU です。ゲームをプレイするにおいては、それぞれ以下の役割を担当しています。

- ・CPU：Central Processing Unit（中央演算装置）。データの処理を担う。
- ・GPU：Graphics Processing Unit（画像処理装置）。画像処理に特化している装置で、並列的な計算処理が得意。3D グラフィックスなどの描画に向いている。

　メーカーによって SoC に搭載される CPU や GPU が異なり、性能も異なるため、A 社製は正常に動作するけれど、B 社製ではバグが生じるといった状況が起こり得ます。

対　策

　テストに使用するスマートフォンを選ぶ際に、OS バージョンや画面の解像度を基準とする場合が多いと思いますが、SoC の種類も基準の一つとして取り入れましょう。スマートフォンのメーカーが異なっていても、SoC は同じものを使っている場合がありますので、細かいスペックも確認するとよいでしょう。

　また、通信速度に関する動作確認を行う場合は、Wi-Fi の種類や、4G・5G といった通信の規格も考慮するなど、テスト内容に合わせての機器選定をおすすめします。

16

見つけやすさ Lv

派手なグラフィックもないのに、スマホが熱い!?

このゲーム、プレイしてるとスマホがすごく熱くなるんですけど、大丈夫ですかね？

あちち

まあ3Dグラフィックをたくさん使ってると仕方ないところもあるけど……

どこの画面で急に熱くなるとかわかる？

今まさにバトルが終わって結果とか獲得アイテムが出る画面でガンガン熱くなってます!!

CLEAR

Get! ×100

Get! ×10

あ

!?

なんで結果表示に3Dグラフィックなんて使ってるの!?

電気がめっちゃあ……

沸くよ！

バグ報告書

[概要]

【発熱】バトルの結果画面を表示し続けていると、スマートフォンが熱くなる

[優先度] 中：直す

[バグ詳細]

バトルが終了した後、結果画面を表示し続けていると、スマートフォンが熱くなる。バトル中よりも、バトル終了後（結果画面）のほうが熱い。

※ 勝敗の違い、キャラクターの違いに依存性はない

※ iOS、Androidとも発生しており、特定の機種への依存もない

[確認手順]

1. ホーム画面からバトル画面に進む
2. バトルを1回実施する
3. バトル結果画面のまま、スマートフォンを放置する
→ スマートフォンが熱くなる

[再現率] 3/3 （100%）

[期待結果]

バトル結果画面のまま放置しても、スマートフォンが熱くならないこと

👻 原　因

　今回、バグがあった画面は、「バトルの結果を表示する」という一見シンプルそうな画面です。ですが、背景として流れる雲を表示しており、この雲のグラフィックをリアルタイムで作成していました。このことで SoC への負荷が高まり、スマートフォンの発熱につながってしまいました。

🔑 対　策

　雲のグラフィックを作成した後、同じものを繰り返し描画する場合は、再計算せず、計算済みのデータを利用するようにします。そうすると、SoC の使用機会が少なくなり、発熱も減少します。

📝 ここにも注目！

　スマートフォンは、ある程度なら熱に耐えられるように設計されていますが、基準を超えると処理が遅くなったり、ゲームがフリーズしてしまったりします。これを避けるためにも、なるべく発熱しないようにゲームを制作する必要があります。

　また、発熱が大きいと電力消費量も大きくなります。バッテリーの減りが速いとユーザーによい印象を持ってもらえないこともありますので、電力消費の観点からも発熱には注意しましょう。

　スマートフォンの機種によってはディスプレイに温度を表示できるものもありますが、これはスマートフォンの内部のセンサーで測っている温度であり、実際にユーザーが触れるスマートフォンの外側の温度ではありません。テスト実施において、プレイヤーが触れる箇所の温度測定をする場合、赤外線サーモグラフィーを使用します。なお、温度の基準値は、ゲームの特性を考慮して決めることをおすすめします。

17

見つけやすさ Lv

公開日時設定ミスで
誤リリース

お疲れさまー

テスト全部終わりました！
大きなバグもなくて
よかったです

あれ？
明日リリースのお知らせが
もう出ちゃってる……
急ぎで開発チームに
連携します！

よかったね〜

連絡してきました！
内容的には大きな
問題はなさそうです。

リリースの最終工程は
QA対応後だからカバー
できないことが多いよ
要注意だね

開発チームと連携して
リリース設定した後の
チェックフロー構築
します！

バグ報告書

[概要]
【お知らせ】ゲーム内のお知らせが予定していた公開日時より前に表示されている

[優先度] 低：軽微なバグ

※ 有償性が高いなど、お知らせの内容によっては中以上になる可能性もある

[バグ詳細]
本番環境において5月XX日の0時に公開を予定していたお知らせが、公開日時の設定ミスにより前日の14時にすでに公開されている

[確認手順]
前提条件：スマートフォン端末の時刻設定を、当該お知らせの公開予定日時より前にしておくこと

1. お知らせ一覧画面に遷移する
→ 当該お知らせが公開されている

[再現率] 3/3（100％）

[期待結果]
公開予定日時より前の日時では、お知らせが公開されないこと

原　因

　このタイプのバグの原因は、公開日時の設定ミスであることが多いです。今回の場合、お知らせの公開日時をあらかじめ「5月XX日0時」に設定しておき、設定した日時に自動更新を行うことで、事前に準備しておいたお知らせが公開されるという仕組みになっていました。多くのスマホゲームは同様の方法で、お知らせやガチャ、イベントなどのリリースを行っています。ですが、公開日時＝自動更新タイミングの設定は、設定を担当した1名の作業精度に依存してしまうため、今回のように予定日時以外のタイミングで公開されてしまうなど、ミスが生じる場合があります。

　また、同じ日に複数のお知らせをリリースする場合など、複数のリリース作業を並行して行うこともあり、ミスが発生しやすい作業環境である可能性もあります。

対　策

　再発防止の方針としては大きく2つあります。

　1つ目は、単純に作業者1名で業務を完結させず、開発チームの他のメンバーやテストチームのメンバーによる「確認」の工程を追加することです。工数がかかってしまうことや、人力頼みの本質は変わらないという問題はあるものの、短期での対策が可能で、一定の再発防止が見込めます。

　2つ目は、自動チェック機能を導入することです。例えば、お知らせであれば、設定した公開日時がお知らせと連動するガチャやイベントの日時と異なっていた場合に警告を出すシステムを導入することで、作業者に対してミスに気づかせることができます。プログラミングの知識を持ったメンバーが必要なうえ、実装したシステムのメンテナンスなど運用コストがかかってしまうため障壁は高いですが、人力に依存しない抜本的な対策として検討する価値はあります。

ここにも注目！

　今回の事例はお知らせの公開関連で起こったバグでした。お知らせの場合は、早く知ることが利益になるとは限らないため、大きな障害につながることは少ないです。ただし、イベントの開始など、早く気づいたユーザーほど有利になってしまうような施策で同じようなバグが発生した場合、不公平感につながり、影響範囲が非常に大きい障害となってしまうこともあります。

　類似の事象であっても発生箇所によって影響範囲が大きく異なりますので、もしこのような事象に遭遇した場合は、通常の再発防止を講じるとともに、他の箇所で発生する可能性がないかを並行して検討することが非常に重要です。

18

この端末、速い……！

新人ちゃん
この辺のスマホで
テストしといて〜

え!?
これ全部
ですか!?

スマホに
よって
性能や機能が
違うからね

特定の
機種だけとか
意外なバグが
あったり
するんだよ……

あれ？
ゲームの動きが
早く見える……！

シュバババ

先輩
私 疲れている
みたいなんで
もう帰りますね

ちょっと
待って

これバグだ！
このスマホだけ
倍速になってる！

ってことは……
帰っちゃ
ダメ！

うん？ いいよ？
倍速で仕事
終わらせたらね

バグ報告書

[概要]
【機種依存】高リフレッシュレートのスマートフォンで、動きが通常よりも速くなる
[優先度] 中：直す
[バグ詳細]
リフレッシュレートの高いスマートフォンでゲーム内の動作が通常よりも速くなる。機能や画面を問わず発生する
リフレッシュレートが 90Hz では約 1.5 倍、120Hz では約 2 倍のスピードとなり、通常よりも有利な環境になっている
※ 60Hz の機種では等速で動作します
※ 90 〜 120Hz の機種でも、設定が 60Hz の場合は等速で動作します
[確認手順]
前提条件：リフレッシュレートの高いスマートフォンを使用すること
1. リフレッシュレートを 120Hz にする
2. アプリを起動する
3. 各画面遷移やインゲームのスピード・テンポを確認する
→ ゲームが倍速で動作する
[再現率] 3/3（100%）
[期待結果]
スマートフォンの機種や設定によってゲーム内のスピードが変化しないこと

原　因

　スマートフォンの機種ごとにリフレッシュレート（秒あたりの画面の描画回数のことで、数値が高いほど映像が滑らかになる）が異なることを考慮せずにゲームを開発した場合、このようなバグが発生します。

　従来では、ほとんどのスマートフォンが画面リフレッシュレート60Hzで動作していました。2010年代後半からは、高速な描画を滑らかに表示するため、90Hz～120Hzのリフレッシュレートで動作するゲーミングモデルやハイエンドモデルが発売されました。このような高リフレッシュレートに対応していなかったゲームでは、今回のような倍速化するバグが発生することがありました。

対　策

　スペックやOSの異なるさまざまなスマートフォンの機種を用いて「多端末テスト」を行うのが効果的です。

　今日では多種多様のスマートフォン端末が流通しており、SoC、ROM/RAMなどのハードウェアも異なれば、OSやメーカー独自の機能などソフトウェアも異なります。スマホゲームでは、これらのなるべく多くの機種で動作することが求められます。そのため、多端末テストを実施し、事前に機種に依存したバグを検出・修正します。

　また、一度多端末テストを実施した後も、新機種が発売されたら、　機種に依存したバグが発生しないか都度確認する必要があります。従来のスマートフォンにはなかった新機能が追加されていないか、その新機能がゲームに影響を与えないか、気にしておくようにしましょう。

ここにも注目！

　今回はスマートフォンの性能が高い場合に発生した問題でしたが、性能が低い場合でも問題が発生することがあります。動作が重い、画像を表示できない、クラッシュするなど、性能が低いことに起因する問題も併せて検知・対応できるとよいでしょう。

　また、今回のように特定の機種のみでバグが発生する場合、バグ報告書にはバグが発生する端末と発生しない端末の両方の情報を記載しましょう。バグが発生する機種の情報を伝えなかった場合、開発担当者がバグを再現できず、修正できないということが起こり得ます。

高性能なのに、コマ落ちする!?

あれ、元気ないね
何かあったの?

ずぅぅぅん

私、リズムゲームが壊滅的に向いてないみたいで……

タイミングを合わせてるつもりなんですけど全然合わなくて……

しょぼる。

そんなに合わないことあるかなぁ……?

ちょっと私もプレイしてみるね

がんばってくださいぃ～

遅すぎでしょ!

最新機種なのに!

——って遅!

私が下手な訳じゃないんですね
よかった～

いや
よくない!

バグ報告書

[概要]
【リズムゲーム】特定の機種でのみ、リズムゲームの FPS が 30 前後になる

[優先度] 中：直す

[バグ詳細]
X 社の最新スマートフォン機種「○×△」でリズムゲーム部分をプレイすると、FPS が 30 前後になる

※ 描画やレスポンスが遅いため、意図したタイミングでタップできない

※ 同じ CPU・GPU 搭載の他社の同等機種では再現しない（FPS は 50 前後）

[確認手順]
前提条件①：X 社のスマートフォン機種「○×△」でプレイする
前提条件②：デバッグモードで FPS を表示させる

1. リズムゲーム部分を開始する
2. ゲーム中に FPS を確認する
→ FPS が 30 前後で推移している

[再現率] 3/3（100%）

[期待結果]
FPS が 50 前後で推移すること

🎮 原　因

　今回のバグは、特定のスマートフォン機種でFPSが低くなるというものです。FPS（Frames Per Second）とは、フレームレートともいい、動画において秒あたりに処理するフレーム（静止画像、コマ）の数を指します。テストで使用した機種に搭載されている、メーカー独自のレンダリングエンジンとの相性が悪く、バグが発生しました。

　スマートフォンは、さまざまなことができる機械だからこそ、メーカーごとに得意な分野や、違いが出てきます。その結果、独自性が生まれて、ゲームの特定機能との相性のよしあしにつながることもあります。「ハードウェアが高性能」「最新技術が詰まった機種」だからといって、安心はできません。相性が悪い場合は、性能を発揮できないだけでなく、今回のようにバグにつながってしまうことも起こり得ます。

　なお、ゲームによっては描画・レンダリングの設定次第でバグを回避できる場合もあります。

🔍 対　策

　今回のバグは、システムテストのコンパチビリティテスト（互換性テスト）の際に見つけるのが望ましいです。

　コンパチビリティテストを実施して、基準値を満たすことが確認できた機種をゲームの推奨環境とします。反対に、ゲームに適さない機種については、注意書きを掲載したり、ゲームのダウンロード自体をできなくしたりします。

　通常、FPSのテストでは、描画処理などに影響するハードウェア（CPU、GPU）性能に着目し、性能のレベルごとにグループ分けしてそれぞれの機種でパフォーマンスを測定します。ただし、今回のようにメーカー独自の機能との相性が影響する可能性もあるので、メーカーについてもチェックしておくとよいでしょう。

📝 ここにも注目！

　テスト目的に応じて、必要なテストが異なります。コンパチビリティテストの機種を選ぶ際には、上記で述べたメーカー、CPU、GPUに加え、ストレージ、メモリ、通信方式なども考慮すべき対象として挙げられます。これらを単純に組み合わせていくとテストケースが膨大になってしまいますので、優先すべき観点・項目を軸にテストケースを設計することをおすすめします。

画面遷移と縦横の組合せ

今日はパーティ編成画面の
画面遷移テストをお願いね

パーティは5体までで
キャラ詳細画面や
装備画面もあるよ

わかりました！

装備画面で他のキャラに
切り替え……できた

テストOK
っと

ポチ ポチ

終わりました！

ふむ 装備画面で
「戻るボタン」を
押すとどうなる？

そのキャラの
詳細画面に戻りますね

では 装備画面で
他のキャラクターに
切り替えてから
戻るとどうなる
でしょう？

あっ！
切り替える前の
キャラの
詳細画面です！

おー

バグ報告書

[概要]
【装備画面】装備画面でキャラクターを切り替えてから戻ると、切り替える前のキャラクター詳細画面が表示される

[優先度] 低：軽微なバグ

[バグ詳細]
キャラクター詳細画面から装備画面に遷移し、キャラクターを切り替えてから戻るボタンを選択すると、切り替える前のキャラクター詳細画面に遷移する

[確認手順]
1. パーティ編成画面でキャラクターを2体以上編成する
2. キャラクターAの詳細画面に遷移する
3. 任意の装備を選択してキャラクターAの装備画面に遷移する
4. 装備画面上でキャラクターを切り替え、キャラクターBの装備画面に遷移する
5. 戻るボタンを選択する
→ キャラクターAの詳細画面に遷移する

[再現率] 3/3（100%）

[期待結果]
装備画面で戻るボタンを選択すると、装備表示中のキャラクターの詳細画面に遷移すること

原　因

　画面遷移とは、ある画面から別の画面へ移ることです。フィールドからバトル画面、メニュー画面から編成画面など、ゲーム内のいたるところで画面遷移は起こっています。

　今回、パーティ編成画面は図のような階層構造になっており、キャラクター詳細画面や装備画面では、デッキ内で隣り合っているキャラクターに切り替えられる仕様でした。各画面の「戻るボタン」を押すと、ひとつ上の階層の画面に遷移します。

〈パーティ編成画面の階層構造〉
- パーティ編成画面
　- キャラクター詳細画面
　　- キャラクター装備画面

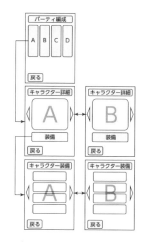

図　パーティ編成画面の遷移

　縦の遷移（階層の移動）、横の遷移（キャラクター切替え）それぞれでは問題がありませんでしたが、縦の遷移、横の遷移、さらに戻る遷移が組み合わさったことでバグが起きていました。縦の遷移の際に直前の画面を記憶して、戻るボタンを押すと記憶した画面に遷移する挙動になっており、横の遷移が考慮されていませんでした。

対　策

　単体での挙動のみをテストしてOKとするのではなく、さまざまな挙動の組合せを考慮してバグを見つけ出すことが重要です。組合せを見つけるためには、どんな画面遷移が存在するのか、画面遷移図を作成して洗い出すのがおすすめです。画面遷移図は仕様書として作成されていることも多いので、遷移方法の考慮漏れがないかよく確認しましょう。

ここにも注目！

　画面遷移と似た概念で、状態遷移というものがあります。状態遷移とは、例えば編成画面であれば「パーティのキャラクターを入れ替える」「キャラクターの装備を変更する」などのアクションによって、データの状態が変更されていくことです。状態が遷移していく中で、特定の状態でのみ顕在化するバグも存在します。状態遷移のパターンを洗い出す技法として、状態遷移図や状態遷移表があります。

21

〜できない仕様を攻める

今日はバナーの表示を確認するぞー！

仕様上の最大数の5つ表示させて……

ほんとに〜？

ちゃんと5つ表示されてるし不具合もなさそう！

ヨシ　完了！

ジロネコ物語
クロネコ
トラネコ
サビネコ
キジト

たしかに……6つ目設定してみます！

最大数は表示できてるけど6つ設定しちゃったらどうなるのかなぁ？

わっ！画面を開いたらクラッシュしちゃいました！

「できない」って書かれていることもちゃんとテストしてみないとね……

ブブブ……

バグ報告書

[概要]
【ホームバナー】ホーム画面に表示するバナーを6つ以上設定すると、アプリがクラッシュする

[優先度] 中：直す

[バグ詳細]
ホーム画面に表示するバナーを6つ以上設定し、ホーム画面を表示しようとすると、アプリがクラッシュする
※ 仕様では、バナーが6つ以上設定された場合の表示優先度や挙動は定義されていない

[確認手順]
前提条件：同時に6つ以上のバナーが表示されるようにテストデータを設定する
1. アプリを起動し、ホーム画面に遷移する
→ アプリがクラッシュする

[再現率] 3/3（100%）

[期待結果]
6つ以上のバナーが設定されていても、アプリがクラッシュしないこと
※ 優先度や順序など、どのようにバナーを表示するかは仕様確認が必要

👻 原　因

　アプリのホーム画面にバナーを 5 つまで表示するという仕様でしたが、それよりも多く設定したときの仕様や実装の考慮が抜けていたために発生したバグです。今回であれば、データを入力する時点で 6 つ以上の表示にならないようにシステムとしてアラートを出す、6 つ以上設定した場合は「終了日時の昇順」「設定した日時の降順」で優先して表示するなど、仕様を決めておく必要がありました。

🔍 対　策

　仕様レビューの時点で、バナーを 6 つ以上設定した場合の挙動が考慮されていないことを指摘できるとよいでしょう。テストや実装に入る前に仕様の漏れを指摘できれば、バグの発生を未然に防ぐことができます。「○○できない」といった仕様がある場合には、「できないことをやろうとした場合にどのような挙動になるのか」も必ず確認するようにしましょう。

　このように、仕様書のレビューなどを行うことで誤りや不備を検知することもテスト活動の一つで、「静的テスト」と呼びます。対照的に、実装されたゲームを動かしてバグを探すことを「動的テスト」と呼びます。

📝 ここにも注目！

　テストを行う前にテスト条件を決めますが、正常な条件（今回のケースでは、バナーが 0 〜 5 つ）と、異常な条件（6 つ以上）についての考慮が必要です。仕様の段階で条件の漏れを指摘できなかったとしても、テスト条件から漏れることはないようにしましょう。仕様からもテスト条件からも漏れてしまうとテストデータも作成されないため、テストで検知することが非常に難しくなります。

　値の有効／無効についてテスト条件を考える際には、境界値分析や同値分割法（→詳しくは P.160 を参照）といったモデルを適用するとよいでしょう。

回数限定に潜むバグ、ループにご用心！

バグ報告書

[概要]
【ガチャ】5周限定ステップアップガチャにて、4周目が繰り返される

[優先度] 高：絶対直す

[バグ詳細]
5周限定ステップアップガチャで、4周目の最終ステップのガチャを回した後に5周目にならず、4周目の状態が繰り返される

[確認手順]
1. 4周目の最終ステップのガチャを回す
2. ガチャのメイン画面を確認する
→ 周回数が「4周目」と表示されている

[再現率] 3/3（100%）

[期待結果]
4周目の最終ステップのガチャを回すと、5周目に進むこと

🎃 原　因

　本バグは、ステップアップガチャ（実施回数が多いほど、1回あたりの消費額が少なくなる、レアアイテムの確率が高くなるなどのメリットが得られるガチャ）のループ設定にミスがあったため発生したものです。以前までは4周を上限として開催しており、今回から5周に変更されたのですが、上限数の更新が漏れてしまい、バグが発生しました。

　4周目以降もガチャを回すことはできるため、問題なく5周目に進むことができていると誤認しやすいケースです。こうした継続的に運用されるガチャやイベントの仕様変更は、経験の長いテスト担当者ほど「そういうものだ」という認識が強くなり、見落としにもつながりやすいため、注意しましょう。

🔍 対　策

　回数に制限があるガチャの場合、ガチャを回した回数だけを確認するテストだと、バグに気づけない可能性があります。ガチャの報酬内容や画面上の回数表示、上限回数を超えて実施した場合の挙動なども併せて確認しましょう。

　報酬内容が周回数やステップ数によらず同じである場合、動作結果だけでは確認できないため、画面上の回数表示などから現在何周目の何ステップ目なのかを確認しながら進めるとバグに気づきやすくなります。

　また、上限を超えてガチャを回すことができてしまわないかという確認も重要です。規定の回数を超えて実施できてしまうと、運営上のゲームバランス、公平感を損ねてしまうリスクにつながります。

📝 ここにも注目！

　ゲームバランスを維持するため、さまざまな機能に回数制限を設けることがあります。ステップアップガチャやイベント内での報酬設定以外にも、1日におけるスタミナ回復数、ボーナスクエストにチャレンジできる回数、アイテムの購入数など、多岐にわたります。各機能それぞれ実装が異なる可能性があるため、「何回／何周まで可能なのか」「各報酬はどうなっているのか」「表示や挙動はどうなるのか」など、さまざまなポイントからテストすることでバグが検知できる精度が高くなります。特に上限値などの境界はバグが起こりやすいため、注意してテストしましょう。

データ保存のタイミングには、危険がいっぱい！

バグ報告書

[概要]

【セーブ】バトルのオートセーブ中にタスクキル（強制終了）すると、アプリが開始できなくなる

[優先度] 高：絶対直す

[バグ詳細]

バトルのオートセーブ中にタスクキルし、アプリを再起動すると、トップ画面でエラーとなり開始できなくなる

[確認手順]

1. 任意のバトルを開始する
2. 任意の行動を選択する
　〈オートセーブが発生する〉
3. オートセーブ中にアプリをタスクキルする
4. アプリを再起動する
5. トップ画面で「TAP to START」を選択する

→ データ読み込み中にエラーが表示される

[再現率] 3/3（100％）

[期待結果]

「TAP to START」を選択してアプリを開始できること

原　因

　バトル中の状態をオートセーブし、サーバ上にデータを保存する処理の最中にアプリを中断したため発生したバグです。オートセーブ中にアプリを強制終了したことで、再起動時に端末側のデータとサーバに保存されたデータの不整合が発生し、起動時のデータ読み込みが正常にできなくなってしまいました。

　オートセーブは、決められたタイミングでゲームの進行状況を保存する機能です。スマホゲームでは、電波遮断や通話などの割込みにより、起動中のアプリが強制的に終了したり、バックグラウンドでの実行に切り替わることがよくあるため、とても重要な機能の一つです。

　便利である反面、保存がうまくいかない場合に正常に復帰できなくなることがあるため、テストは慎重に行う必要があります。

対　策

　今回のケースでは、バトル中のオートセーブのタイミング（実際のゲーム内ではわずかな時間）でバグを発見していますが、バグが起こり得るタイミングをテストチームだけですべて網羅してテストを実施することは困難です。

　開発チームと連携し、あらかじめリスクの高い箇所を確認しておくことで、効率よくバグを検出できる可能性が高くなります。特に、ゲームの進行上取返しのつかない箇所や、課金やデータ引継ぎなどの機能は、バグが発生した場合に影響が大きいため、プロデューサーや開発チームとテストを実施する箇所について認識合わせをしておきましょう。

ここにも注目！

　通信環境が悪い場合など、オートセーブによるデータ保存がされないままでも長時間のプレイが可能なゲームもあります。ユーザーの中には、そうした状態でセーブされていないことに気づかず、タスクキルをしてしまう方もいます。結果として、最後にセーブされた地点からの再開となるため、ユーザーの快適性を損なうことにつながってしまいます。

　このように、オートセーブができない通信環境の場合に、それが伝わりやすい形でアナウンスされているか、その状態でゲームを長時間プレイできてしまうことはないか、利用時の状況に沿った確認もユーザビリティの観点でとても重要です。

24

動作とデータを分けて考える

バグ報告書

［概要］
【バトル】敵キャラクター「カラス」への
ダメージが仕様よりも小さい

［優先度］高：絶対直す

［バグ詳細］
一部のクエストにおいて、敵キャラクター
「カラス」のパラメータが誤っており、ダ
メージが仕様よりも小さい（防御パラメー
タが 50 であるべきところが 100 になっ
ている）

［確認手順］
1. ホーム画面で「クエスト」を選択する
2. クエストXIのステージIIIを選択する
3. 敵キャラクター「カラス」を攻撃する
→ 敵キャラクターへのダメージが仕様よ
りも小さい
※ マスタ上で敵キャラクター「カラス」
の防御パラメータが「100」となって
いた（仕様では「50」）

［再現率］3/3（100%）

［期待結果］
敵キャラクター「カラス」の防御パラメー
タが「50」となっており、仕様の想定範
囲内のダメージを与えられること

原 因

　このようなバグの原因は、マスタデータ（キャラクターのステータスなどゲーム内で用いられるデータ群）の設定値の入力ミスであることが大半です。スマホゲームではマスタから必要なデータを呼び出して端末上で動作させるという仕組みをとっていることが多いため、敵キャラクターの強さや挙動が仕様と異なる場合、マスタに設定されている値が正しいかをまず確認してみるとよいでしょう。バトルのあるゲームにおいて、敵キャラクターの強さの程度は非常に重要な要素で、バグがあるとゲームバランスに影響するため特に注意が必要です。

対 策

　上述したように、主な原因はマスタデータへの設定値の入力ミスですが、この場合、プレイを伴う動的テストでは見落としやすく、バグとして発覚しにくいという課題があります。

　対策としては、次のようにテスト方法を変更することが有効です。「マスタデータに設定されている数値が正しければ、スマートフォン上でも正しく動作する」という前提のもと、マスタデータ上の数値を直接チェックするという方法を採り、品質を担保します。ゲームをプレイしてスマートフォン上の表示を目視で確認する必要がなくなるため、テスト精度が大幅に向上します。ぜひ適用してみてください。

ここにも注目！

　マスタデータを直接チェックするという対策は発展性が高く、例えば、マスタデータ上の数値と本来あるべき数値の差分を自動で抽出する仕組みを作ることで、さらなるヒューマンエラーの防止につながります。また、テストだけでなく、データ設定作業においても、設定後のデータ差分を作業者自身が確認することでミスに気づきやすくなり、実装品質の向上にもつながります。

　さらに、自動チェックの仕組みを導入できれば、目視による確認よりも短い時間でのテストが可能です。ただし、データの自動抽出の仕組みづくりにはプログラミングの知識が求められるため、開発チームとの連携やテストチーム内でのメンバー育成が必要になります。

その時間は、どこの時間？

今日からこのゲームのテストを担当してもらいます！

じゃ～ん

わっ すごい！海外でも大人気のゲームじゃないですか！

そうそう 海外向けは初めてだったっけ？

そうなんです！気をつけたほうがいいこととかありますか？

むん！

まずはやっぱり時間かなー

国とか地域ごとに「標準時」が違うからどこの標準時かをちゃんと載せる必要があるんだよ

イベント期間
7月1日
00:00(JST)
〜
7月15日
18:00(JST)

なるほど！

あっ！早速標準時の表示がないところが……！

すぐにバグとして上げよう！

バグ報告書

[概要]
【ガチャ】お知らせに記載されているガチャ開始日時・終了日時の表記において、標準時の記載がない

[優先度] 中：直す

[バグ詳細]
ガチャ画面からアクセスできるお知らせ画面で、ガチャの開始日時・終了日時の表記に標準時が記載されていない

[確認手順]
1. ガチャ画面に遷移する
2. ガチャに関するお知らせ画面に遷移する
3. ガチャの開始日時・終了日時を確認する
→ どちらも標準時が記載されていない

[再現率] 3/3（100%）

[期待結果]
ガチャの開始日時・終了日時に、端末の地域設定で設定した現地の標準時が記載されていること

原　因

　日時情報は、お知らせやガチャ画面、イベントのトップ画面など、さまざまな箇所に掲載されるため、今回のように一部対応が漏れてしまうことがあります。

　特に、海外にも配信しているスマホゲームで、ユーザーの国や地域に合わせて日時情報の表示を変更する仕様としている場合はバグにつながりやすく、表示のあるすべての箇所を確認する必要があります。

対　策

　テストで見つけるための対策は、時間を記載している箇所をリストアップし、チェックを徹底することです。

　バグをそもそも生まないようにするための対策としては、日時情報を都度手入力するのではなく、マスタなどを参照して表示するような仕組みに変更することが考えられます。こうすることで、マスタの1項目を変更すればすべての日時表示箇所が変わるつくりになります。仕組みを大きく変更する必要がありますが、バグは未然に防ぐことができます。

ここにも注目！

　極論として、ユーザーの地域に関係なく一律でUTC（世界標準時）表記にしてしまえば、日時表示バグは発生しません。ですが、ユーザーが自分の暮らしている地域との時差を計算する必要が生じ、多くのユーザーは不便を感じるでしょう。バグが生じにくい構造を優先するか、ユーザビリティを優先するかは一長一短なところがあり、各ゲームによって考え方が異なります。

　個々の画面や機能の中で日時表示方法がそろっていても、ゲーム内の別の画面や機能で表示方法が異なっているとユーザーにとってわかりにくいものとなるため、ルール決めの際にはゲーム全体を通してそろえる必要があります。また、テストでも、個々の画面や機能だけでなく、全体で統一されているかという確認が必要です。

慣れてきたころにやってくる、イベント報酬の更新漏れ

バグ報告書

[概要]
【報酬】第12回チャレンジバトル（夏）のイベント報酬に、一部前回の内容が含まれている

[優先度] 中：直す

[バグ詳細]
第12回チャレンジバトル（夏）のイベント報酬のうち、個人ポイント報酬の5番目が、前回イベントと同じ「桜模様の傘」である

[確認手順]
1. イベントページから、今回の報酬を選択する
2. 個人ポイント報酬を選択する
3. 報酬内容を確認する
→ 5番目が「桜模様の傘」である

[再現率] 3/3（100%）

[期待結果]
個人ポイント報酬の5番目が、前回と同じ「桜模様の傘」ではなく、今回のイベントに見合った報酬であること

👻 原　因

　本バグは、イベント仕様書を前回のイベントからコピーして作成し、イベント報酬を今回イベントのものに書き変える際に漏れがあったため発生したものです。実際の開発現場でも、コピー＆ペーストでドキュメントを作成し、必要な部分だけ更新することはありますが、人の手で行うため間違えるリスクは少なからず存在します。

　特に、データ量が膨大な場合や、設定を手作業で進め、目視のみの確認など十分なチェックが行われていない場合に、こうしたバグにつながりやすくなります。

　ゲームがリリースされた後、長期運営に向けてゲーム内イベントを毎月、隔週など定期的に実施する場合があります。こうしたイベントでは、機能面を過去のイベントから踏襲しつつ、出現する敵や報酬などのデータを更新して運用することが多いです。各データはゲームバランスや、ゲームプレイに対するモチベーションなどに大きく影響するため、データに不備がないか、更新漏れがないなど、細心の注意が必要です。

🔎 対　策

　仕様書自体に不備があると、テスト実施者がバグを検知するのはとても難しいです。単純な転記ミスを防ぐのであれば、表計算ソフトの関数を活用するとよいでしょう。色分けなどで視覚的にわかりやすく更新漏れを検知する仕組みがあると有用です。

　一方で、より検出難易度が高いものとして、更新はされているものの内容が意図したものと異なる場合があります。例えば、次のイベントで有利になる属性の装備が手に入るような報酬の設定箇所があり、なんとなくみんな知っているが、ドキュメントなどに明文化されていない場合、慣れていない設定担当者が有利にならない属性の装備を仕様として設定してしまうということが起こり得ます。

　テスト担当者としては、ゲーム内のレギュレーション（規則や決まりごと）や世界観を把握しておき、それをもとに開発チームとの仕様の読み合わせに参加するなど、ミスに気づける知識と仕組みの両方を活用してバグを防げるように取り組みましょう。

📝 ここにも注目！

　細かいデータの確認や、繰り返し操作が必要な単調になりやすいテストは、テスト担当者の集中力も低下しやすくなります。そんなときは、実行環境を工夫するのも一手です。テストケース、スマートフォン、仕様書などを一覧できるようにマルチディスプレイにすることも有用で、作業しやすい配置をいろいろ試してみてください。

ガチャでもらえないキャラが訴求画像に入っている!?

今回の新ガチャの訴求画像上がりましたよ

はーい

にゃん

今回のガチャのハチワレちゃん

朝顔柄の浴衣で可愛いですね～

ハチワレちゃんの夏衣装バージョンですよね……?

ん? それ別のキャラじゃない?

こだわりが強いうえにややこしい!

朝顔柄の浴衣はハチワレちゃんだね

今年は花火柄の浴衣でその前はひまわり柄の浴衣で……

さらに別バージョンで

バグ報告書

[概要]
【ガチャ】新ガチャの訴求画像にて非排出キャラクターが表示される

[優先度] 高：絶対直す

[バグ詳細]
新ガチャのトップ画面に表示される訴求画像にて、今回のガチャでは排出されない「ハチワレの夏衣装バージョン（朝顔柄浴衣)」が表示される

[確認手順]
1. 日時設定を新ガチャの開催期間中にする
2. メニューよりガチャ画面に遷移する
3. 新ガチャのトップ画面に遷移する
4. ガチャの訴求画像を確認する
→ 「ハチワレの夏衣装バージョン（朝顔柄浴衣)」が表示されている

[再現率] 3/3（100%）

[期待結果]
新ガチャの訴求画像に「ハチワレの夏衣装バージョン（朝顔柄浴衣)」が表示されないこと

原 因

　訴求画像作成者への指示の際に使用するキャラクターを指定していましたが、その内容は「ハチワレの夏衣装バージョン」という情報だけでした。訴求画像作成者は新ガチャのキャラクター衣装を把握しておらず、指示を受けた当時の最新のキャラクター画像を参考に訴求画像を作成しました。当時の最新の画像が「朝顔柄浴衣」だったため、訴求画像作成者は誤って認識したまま訴求画像を作成し、ガチャで排出されない内容を含んだ訴求画像となってしまいました。

対 策

　ガチャの排出キャラクターを実際に付与したり、デバッグ機能で画像を表示したりして、訴求画像のキャラクター排出内容に相違がないか確認します。
　今後の対策としては、開発・企画時点での訴求画像作成者への指示書に、キャラクター名だけでなく、実際に排出される予定のキャラクター画像も併せて指定するように改善するとよいでしょう。

ここにも注目！

　新しいガチャがリリースされる際、お知らせ画面やガチャのトップ画面に、排出されるアイテムやキャラクターを視覚的に訴求できるような画像（サムネイル）　が掲載されることがあります。このような画像は、ガチャのアイテムやキャラクターの画像が自動的に表示されるのではなく、別途、アイテムやキャラクターの画像を切り貼りしたり訴求文字を入力したりしてサムネイル用の画像を手動で作成する場合が多いです。そのため、排出内容変更の連絡ミスや訴求画像作成者の仕様の把握不足などがあると、画像と実際の排出内容が異なるというバグが発生してしまいます。
　このようなバグを見つけるためには、下記のような観点が必要となります。ゲームごとに表記ルールなどが異なることもありますので、各ゲームに沿った内容を把握し、テストでの判断基準を定義しておくことが大切です。
・排出キャラクター、排出アイテムの画像は正しいか（ID管理されている場合、IDに沿った画像が表示されているか）
・排出キャラクターの能力値は正しいか（初期レベル時以外にも最大レベル時の表記がある場合は、両方とも確認する）
・排出アイテムの個数は合っているか
・「進化前／進化後」など、キャラクター名は同じでも別扱いの場合、排出される時点の状態と同じ状態の画像が表示されているか

体力全回復してないのに回復通知が来る!?

先輩、通知が来たのでゲームを開いてみたんですけど……

全然回復完了してないんですどうしてなんでしょう？

心当たりはある？

うーん……その前はイベントステージの開放確認でイベントバトルしてたんですけど……

う〜〜ん…

テストだしレアな体力全回復アイテムを連打して——

そこらへんが原因じゃないかな〜

バグ報告書

[概要]
【通知】体力の全回復アイテムを使用すると、通知タイミングがズレる

[優先度] 中：直す

[バグ詳細]
体力回復完了前に全回復アイテムを使用し、再度体力を減らすと、回復が完了していないにもかかわらず最初の回復完了予定のタイミングで通知が送信される

[確認手順]
1. テストユーザーに体力全回復アイテムを付与する
2. 体力がなくなるまでバトルを繰り返す
3. 体力回復完了予定時間を確認する
4. 体力全回復アイテムを使用する
5. 再度、体力がなくなるまでバトルを繰り返す
6. 体力回復完了予定時間を確認する
7. 手順3の体力回復完了予定時間に体力回復通知が送信されることを確認する
8. アプリの体力残量を確認する
　→ 体力は回復完了していない

[再現率] 3/3（100%）

[期待結果]
実際に体力が回復完了したタイミングで通知が送信されること

👾 原　因

　体力回復通知を送る処理が内部的に設定された後、全回復アイテムで回復した際に再計算されなかったことが原因です。そのため、最初の通知予定がそのまま実行されてしまいました。

🔎* 対　策

　意識的にテストを行わないと見つけるのは難しいバグで、他のテスト中に偶然見つけられればラッキーなレベルかと思います。通知設定はゲームによって異なるため、一概には言えませんが、下記のような操作をテスト中に行うと検知できる可能性があります。

・自然回復中に体力回復アイテムを使用する（今回の内容）
　※今回は全回復アイテムでバグを発見しましたが、回復量などの違いにより、バグが発生しないことも考えられます。実際にテストする際は、このようなバグが見つかった場合、他の回復アイテム各種類についても確認しておきましょう。
・自然回復中にレベルアップで回復する（レベルアップ時に体力が回復するゲームの場合）
・アプリの再起動、強制終了

📝 ここにも注目！

　通知（プッシュ通知）には、「リモート通知」と「ローカル通知」の2種類が存在します。
　リモート通知は、サーバー（運営）から送信されたもので、ゲームならイベント開始のお知らせ、その他のアプリならメッセージアプリの会話通知などがこれにあたります。サーバーからの送信のため、通信が必須となります。
　ローカル通知は、通信なしでも表示される通知です。今回の内容はこれにあたります。他にもローカル通知の例として、シミュレーションゲームの建物建築完了通知や、カレンダーアプリの予定通知などがあります。
　リモート通知とローカル通知は、見た目上「スマートフォンの通知領域に表示される」という点では同じですが、送信のされ方も受信の仕方も異なります。テストでは、通知が受信できるか、通知タイミングは適切か、意図したユーザーにのみ通知を送信できるかなど、対象の通知がどちらの通知か把握したうえで、通知の種類に合ったテストを行いましょう。

受取BOX、アイテム増殖！

どうしたの？

うーんなんかおかしいなぁ……

受取BOXの中のアイテムが全然減らないんですー

受取BOX

にくきゅうまんじゅう

にくきゅうまんじゅう

受け取れないってメッセージが出ますね

まさか……そのアイテムを受け取ってみると……？

受取BOX

ポン

所持数がいっぱいで受け取れませんでした

にくきゅうまんじゅう

うわっ！アイテムが増殖してる!!

受取BOXのアイテムを数えてみると……？

受取BOX

にくきゅうまんじゅう

にくきゅうまんじゅう

にくきゅうまんじゅう

バグ報告書

[概要]
【受取BOX】アイテム所持数が最大のとき、受取BOXから同じアイテムを受け取ろうとすると、アイテムが増殖する

[優先度] 高：絶対直す

[バグ詳細]
所持数の上限いっぱい持っているアイテムを受取BOXから受け取ろうとすると、受け取れない旨が表示され、受取BOX内に当該アイテムが追加される

[確認手順]
1. 任意のアイテムを所持数の上限になるまで入手する
2. 受取BOX内に当該アイテムがある状態にする
3. 受取BOX内の当該アイテムを受け取る
4. 所持数が最大のため受け取れず、受取BOXに送られた旨が表示される
→ 受取BOX内の当該アイテムが1個増えている

[再現率] 3/3（100%）

[期待結果]
所持数の上限まで所持しているアイテムを受け取ろうとしても、アイテムを受け取れず、受取BOX内にアイテムが追加されないこと

原　因

「最大値まで所持しているアイテムを入手すると、受取 BOX に送られる」という仕様があるのですが、受取 BOX から入手する際にもその機能が有効になってしまっていました。この処理が行われる前に「今、どこから入手しようとしているか」を判別して、入手元が受取 BOX の場合は処理を行わないようにする分岐が必要でした。

対　策

アイテムなどの最小値や最大値での消費、入手時の挙動については必ずテストを行いましょう。例えばアイテムを消費する場合、所持数が 1 以上であれば所持数より 1 つ減らして消費できますが、所持数 0 であれば消費できず挙動が変わります。このように、挙動を変える値の境界について考慮するテスト技法を、境界値分析といいます（→具体的なテスト技法は、P.160 を参照）。

また、アイテム入手時の処理を検証するのであれば、アイテムの入手経路も漏れなくテストしましょう。ショップや交換所、バトル、クエスト、ミッションの報酬など、さまざまな経路が考えられます。新しい機能が追加されると、アイテムの入手経路も増えるかもしれません。忘れずにテストに加えるようにしましょう。

ここにも注目！

アイテムの増殖・消失は、特にユーザーへの影響が大きいバグですので、関連する部分のテストは特に入念に行う必要があります。入手や消費以外の観点では、「装備アイテム」「ガチャチケット」「ゲーム内通貨」といった、アイテムのカテゴリについても注意が必要です。ゲームによってはアイテムのカテゴリごとに処理が異なる場合もあるので、どのような処理になっているか、特別な処理を行うアイテムはないかなど、開発チームと事前に確認しておきましょう。

本当にこのボス、倒せます？

先輩〜新ボスに全然勝ててないですー！

どれどれ見せてみて

撃破まであとちょっとのところで負けちゃうんですよ

高レベルキャラで編成してるんですけど

ずらっ

SSR シロネコ LV100 MAX

SSR ハチワレ LV100 限界突破

SSR ミケネコ 100 MAX

属性的にも有利なハズなんですけど……

他も全部 SSR LV MAX！

さすがにこの編成で無理っていうのは……

これはバグとして報告しよう

| バグ報告書

[概要]
【バトル】高難易度バトルにて、ボス設定が想定ユーザーレベルに対して強過ぎる

[優先度] 中：直す

[バグ詳細]
コンティニュー不可の高難易度バトルにて、想定ユーザー（Lv80〜100・課金履歴あり）の高レベルパーティー編成でも、ボスのHPを削り切れず敗北する

〈編成例〉
・シロネコ（SSR・最大 Lv・属性有利）
・ハチワレ（SSR・限界突破済み最大 Lv・属性有利）
・ミケネコ（SSR・最大 Lv・属性等倍）
・シャムネコ（SSR・限界突破済み最大 Lv・属性有利）
・クロネコ（SSR・限界突破済み最大 Lv）

[確認手順]
1. テストユーザーに想定編成のキャラクターを付与し、パーティーを編成する
2. 高難易度バトルに参加する
3. ボスとバトルを行う
→ 体力を削り切れずバトルに敗北する

[再現率] 3/3（100％）

[期待結果]
想定編成でボスを撃破できること

🐛 原　因

　新規イベントを作成する際に、ボスの HP 設定は過去に行われた同程度のボス戦の設定をそのまま流用しましたが、ボスキャラクターは新規イベントに合わせて変更しました。新規イベントのボスキャラクターは、過去に比べて防御力が高く、結果的に想定よりも強いステータスになってしまったため、今回のバグが発生しました。

🔑 対　策

　仕様作成者とテスト担当者との間で、難易度 (ユーザーレベル帯) ごとに HP、防御力、攻撃力などの値の範囲を決めておき、共通認識として持っておくことが大事です。

　また、ユーザーレベル帯によるレベル感の違いがテストチームとして共有できていないようであれば、実際の編成例をいくつか作成しておくと、バグ報告時にもわかりやすくなります。

〈ユーザーレベル帯によるレベル感の例〉

◆ **上級者・重課金ユーザー**：課金などにより強いキャラクターを複数所持しており、強いキャラクターだけでの編成が可能で、キャラクターの強化が限界まで行われている

◆ **中堅ユーザー**：強いキャラクターを何体か所持している

◆ **初心者・未課金ユーザー**：所持しているキャラクターのうち、イベントでの配布キャラクターが一番強い

📑 ここにも注目！

　ゲームによってはアクティブスキル（ユーザーが任意で発動できるスキル）やパッシブスキル（常に効果が発揮されるスキル）、必殺技（通常攻撃以外の強力な攻撃）など、キャラクターのステータス設定以外の要素も考慮する必要があります。例えば、ステータスの設定範囲をあらかじめ決めていたとしても、ボスの強力なスキルの有無で難易度が大きく変わることがあります。

　また、リズムゲームやパズルゲームは、プレイヤーの腕前が影響してきます。そのようなタイプのゲームでは、複数人にプレイしてもらって難易度を確認したり、事前にチームの各メンバーがどれくらいの上手さか把握しておき、難易度によってプレイする人を変更したりするなど、極端な判断にならないように工夫します。

　今回は上級者向けの高難易度イベントでしたが、初心者向けイベントでもユーザーレベルに合った設定を考える必要があります。例えばバトル難易度は通常よりも易しくするなど、ユーザーの定着率を併せて考慮します。

おバカな AI ？

新人ちゃん
ご機嫌だね

はい！
オートモードなので
何台も同時実施できて
効率アップです！

なるほどね
……って
こっちキャラが
止まってるよ？
押にひっかかって

えっ!?
結構単純な
マップなんですけど……

こっちは
行き止まりで
引っかかってるし

こっちは
岩を避けずに
止まってるね

こっちは壁に
向かって進み
続けてます……

なんで〜〜〜!!

バグ報告書

[概要]
【オートモード】バトルフィールドでの
オートモードプレイで、プレイヤーキャ
ラクターが障害物を避けない

[優先度] 高：絶対直す

[バグ詳細]
フィールドバトルにて、オートモードで
フィールド内を移動する際に、プレイヤー
キャラクターが敵キャラクター以外の情
報を考慮しておらず、壁や障害物にぶつ
かって進めなくなる

[確認手順]
1. 任意のクエスト、任意のステージを選
択し、フィールドバトルを開始する
2. 「オートモード」を選択する
→ 数ターン以降、壁や障害物に阻まれて
先に進めない
※ 壁や障害物が多いフィールドで現象を
確認しやすい（○○谷、□□城塞など）

[再現率] 3/3（100%）

[期待結果]
オートモードプレイで、壁や障害物を迂
回して進むこと

原　因

　ゲームで使用している「ナビゲーション AI」のバグです。ナビゲーション AI は、ゲーム内の地形や各キャラクター、物体の位置を考慮して、プレイヤーキャラクターの進行経路を決めたり、反対に敵キャラクターを適切な頻度でプレイヤーキャラクターに近づけたりと、主に進行に関する挙動をサポートする人工知能です。今回の事例では、壁や障害物を避けて近くの敵キャラクターに向かって進むべきでしたが、障害物などの情報を考慮しておらず、ぶつかって進めなくなるという現象が起こりました。

対　策

　シナリオテストの前に、ナビゲーション AI 自体のテストを実施します。実際のゲームで使用するマップではバグを発見できない可能性があるため、テスト専用の、ルート探索が難しいマップを複数用意できるとよいでしょう。
　ゲームのコンセプトとしてマップの複雑性がそれほど重要でなく、ユーザー体験を優先する場合は、マップ自体を簡素化してナビゲーション AI のレベルに合わせるという回避策もありますので、改善提案をしてみるのもアリだと思います。
　また、敵キャラクターにおいても同様のバグが発生していないか注意しましょう。

ここにも注目！

　ゲーム開発で使われる AI（ゲーム AI）は、今回見た「ナビゲーション AI」に加えて、「キャラクター AI」「メタ AI」の 3 つに大きく分類されます。
　キャラクター AI は、NPC（Non-Player Character、コンピューターが操作するキャラクター）の行動を制御します。ゲーム内の環境（キャラクターの行動パターン、戦術、会話の分岐など）を認識して、どのようにキャラクターを動かすかを計算します。
　メタ AI はゲーム全体の進行やバランスを管理する人工知能です。メタ AI は、プレイヤーの進捗や行動履歴を分析し、ゲーム内の難易度調整やイベントの開始条件の判定、ステージごとの敵やアイテムの配分などを決定します。プレイヤーに対してゲーム内のヒントやアドバイスを提供する場合もあります。従来はゲームデザインの際に、さまざなパターンを想定して手動で調整していましたが、AI によって臨機応変に調整できるようになりました。

最強の AI ？

裏技？

フフフ……　裏技見つけました！

ニヤリ

自分でプレイすると手も足も出ないバトルもなんとオートモードだと勝てちゃうんです！

バーン！！

えっと……

オートモードが強すぎるのもバグだよ？

てか意図的に仕込んでない裏技は基本的にバグだよ……

ガーン！！

まあ結果的にバグが見つかったんだからえらいえらい！

せっかく見つけたのに……

しょぼん……

バグ報告書

[概要]
【オートモード】オートモードプレイでのバトルで、手動プレイ時よりも強くなる

[優先度] 中：直す

[バグ詳細]
オートモードプレイでバトルを行った場合、手動でバトルを行うよりも強くなる

※ 本来はターンの初めで全キャラクターの行動を決めるべきところ、以下の例のように、ターン途中の状況に応じて最適な行動をとる

例1：1人目〈全体攻撃〉 → 2人目〈ギリギリ倒せる敵に攻撃する〉

例2：1人目〈攻撃し、カウンターを受ける〉 → 2人目〈ダメージ量に応じた回復魔法を1人目に唱える〉

[確認手順]
1. パーティーのレベルよりも難易度がやや高めのクエストに挑戦する
2. 「オートモード」を選択する
→ ターンの途中の状況に応じて効果的な行動が選択される

[再現率] 3/3（100%）

[期待結果]
オートモードプレイで、手動プレイ時と同等かやや弱い程度の結果となること

原 因

　今回の事例は、オートモードに含まれる AI のバグで、キャラクターの行動を決める
タイミングを誤ってしまったために起こったものです。

　ターン制のバトルの場合、ターンのはじめにパーティーの各キャラクターの行動を
命令したら、ターンの途中で行動を変更することはできません。オートモードでもこ
のバトルシステムに沿ってターンのはじめにキャラクターの行動を決定すべきでした
が、各キャラクターの順番になったタイミングで最も効果的な行動を選択していまし
た。その結果、手動プレイよりも効率的なバトルができてしまいました。

対 策

　バトルのオートモードプレイでは、下記のことに気をつけましょう。

- ・各キャラクターが、ターンの途中で判断していると思われるような臨機応変な行
　動をしていないか
- ・手動プレイ時よりも強くなり過ぎていないか
- ・各キャラクターの特性から外れた行動をしていないか
　（例えば、戦士が技を使用せず、回復魔法ばかり使用する、など）

　手動プレイ時と比べる際の目安として「時間・順番的にルールに反していないか」「目
に見えないはずの数値が見えているような操作がなされていないか」を気にしてみる
とよいでしょう。これらのことがされている場合、人間が手動で操作した場合よりも
よい結果になりやすいです。例えば、ターン制のバトルで、敵の攻撃により状態異常（眠
り・麻痺・毒・石化など）になった途端に次のキャラクターが状態異常を解除する道
具や呪文を使っている場合は、ターン制を無視した判断になっており、バグの可能性
が高いです。

ここにも注目！

　バトルでのオートモードで使用される AI のバグについて見てきましたが、「オー
トモード」でなくてもこのようなバグは起こり得ます。例えば、FPS（First Person
Shooter、一人称シューティングゲーム）で味方の NPC がプレイヤーよりも非常に
強い状態だったらどうでしょうか。

　お姫様のように味方に守ってもらえるプレイは、FPS として楽しいものではないで
しょう。ゲームのコンセプトにもよりますが、どのようなユーザー体験を提供したい
かに応じて、全体のバランスを考えることが重要です。

AIは、学習しますか？

進捗はどう？

ん……

オートモードのテストで新しい技を使ってくれなくて……

バトルには勝てるから進めはするんですけど……

先に手動で3回使っておかないとオートで使わないよ？

それが実は……

3回でダメならバグだからね　そして威張るとこじゃない

えっへん！

もうかれこれ100回は使ってるんです！

今更オートでほうってくれないので

バグ報告書

[概要]
【オートモード】バトル画面のオートモードで、新しい技が学習されない

[優先度] 中：直す

[バグ詳細]
新しい技を習得後、手動プレイで該当の技を規定回数（3回）以上使用しても、オートモードで新しい技が使用されない

[確認手順]
前提条件：任意のキャラクターで新しい技を習得し、3回以上手動プレイで使用する
1. オートモードにて任意のバトルを実施する
→ 新しい技が最も効果的な攻撃方法である状況で、新しい技が発動されない

[再現率] 3/3（100％）

[期待結果]
オートモードでのバトル時、新しい技が最も効果的な攻撃方法である状況で、新しい技が発動されること

原　因

　AIの学習機能に関するバグです。バトルでの行動は、例えば下図のように、多くの選択肢が考えられます。

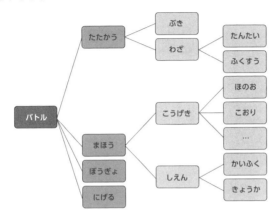

図　バトルの選択肢

　バトルのオートモードにおいては、技や呪文が発動されるにあたって、学習の要不要、要学習の場合はその手段（手動プレイ、戦闘の積み重ねなど）にも違いがあります。ゲームのコンセプトにもよりますが、複数の要因が影響するため、今回のようなバグにつながることがあります。

対　策

　AIの特性を把握したうえでテスト範囲を検討しましょう。すべての技に対してテストを行うと、数が膨大になりますので、「技（近接・遠距離）」「魔法（単体・広範囲）」「キャラクター（勇者・戦士・魔法使い・魔法戦士）」など、テストしておくべきポイントを考慮しつつ決めていきます。

　また、リリース済みのゲームへの追加実装の場合は、リグレッションテストも含めて、同じようなバグが他でも起こっていないかなど、テスト方法の基本方針を相談しておきましょう。

　AIが高度化し、助かる部分もある反面、複雑化も進んでいます。「仕様としてどのような機能を盛り込むか」「ユーザーにどのような価値・経験を届けようとしているのか」など、仕様やゲームコンセプトに立ち返ってみると、テストを行ううえでもヒントになることがあります。

端末の設定を××語にすると
アプリが起動できない!?

せ 先輩!
早急の調査依頼が
来てます!

何事!?

うーー……!

××国のユーザーだけ
ログインできないみたいで
試してるんですけど
再現しないんですよね……

スマホの地域設定を変えて

地域設定は
変えたから……

言語設定は?
日本語に
なってない?

スマホの言語設定ですか?
確認してみます!

急いで開発チームに
連絡しちゃおう!

あ! ××語に設定したら
再現できました!

バグ報告書

[概要]
【タイトル画面】スマートフォンの言語設定を××語、地域設定を××国にすると、起動直後にアプリがクラッシュする

[優先度] 高：絶対直す

[バグ詳細]
スマートフォンの言語設定を××語、地域設定を××国にし、アプリを起動すると、アプリがクラッシュする

※ 上記の組合せで発生し、片方のみ設定だと発生しない

[確認手順]
1. スマートフォンの言語設定を××語、地域設定を××国にする
2. アプリを起動する
→ アプリがクラッシュする

[再現率] 3/3（100%）

[期待結果]
スマートフォンの言語設定を××語、地域設定を××国にし、アプリを起動すると、アプリがクラッシュせずタイトル画面から先へ進めること

👻 原 因

　Unity のバージョンアップが原因で発生したバグです。Unity はゲームの内部基盤で、多くのスマホゲームが Unity を使って制作されています。アプリを構成している基盤関連のバージョンアップがある場合は、事前に必ずテストを実施していますが、今回のバグは通常のテスト内容では発見できない、イレギュラーなバグでした。

　日付・時間や数値、記号など、言語によって表記方法が異なるものがあります。本例の言語も、他の言語と異なる表記を行うものがあり、やや特殊な扱いの言語でした。

　例えば、日付の表記方法は、年・月・日を並べる順序だけでも以下のように異なります。区切り文字も「/（スラッシュ）」だけでなく「.（ピリオド）」「-（ハイフン）」「（スペース）」など、国や地域によってさまざまな決まりがあります。

・年→月→日

　　日本、中国、韓国、ハンガリーなど

・日→月→年

　　イタリア、オランダ、メキシコ、インドネシア、タイなど

・月→日→年

　　アメリカ、ベリーズ

※ 2つ以上の形式を併用する地域も多い

🔍 対 策

　リリース前のテストでは、アプリの言語設定は「××語」に設定していたのですが、スマートフォン端末の言語設定・地域設定は日本設定のままでテストを行っていました。今回の事例は、端末自体の言語設定・地域設定を両方とも××国の設定にしなければ発生しないもので、バグに気がつきませんでした。

　グローバル対応しているアプリでも、日本語の設定で操作していたり、日本語だけでテストをしていたりしませんか？　可能な限りユーザーと同じ設定で確認することを心がけていれば、大きなバグを見つけることができるかもしれません。

35

外国語の綴りを覚えよう

バグ報告書

[概要]

【お知らせ】お知らせ画面にて、韓国語のみ、文字の上部が見切れて表示される

[優先度] 高：絶対直す

[バグ詳細]

お知らせの年末年始イベント開催詳細画面にて、韓国語でのみ、文字の上部が見切れて表示される

※ 韓国語以外の言語（日本語、英語、中国語）では見切れは発生しない

[確認手順]

前提条件①：年末年始イベントの開催期間（20XX/12/X 11:00 JST ～ 20XY/1/X 14:59 JST）であること

前提条件②：アプリの言語設定を韓国語に設定すること

1. お知らせ画面に遷移する
2. 「年末年始イベント 開催詳細」を選択する
3. 文章内の該当テキストを確認する

→ 文字上部が見切れている

[再現率] 3/3（100％）

[期待結果]

文字が見切れないこと

🐙 原　因

　今回のバグは、複数の言語で表示を切り替えられるゲームで発生したものです。言語によってフォントの大きさや表示のされ方が異なることを考慮しておらず、十分な表示スペースを確保できていなかったことが原因です。

　見切れて上部のパーツが欠けたり、文字の形が変わったりすると、大きく意味が変わってしまう言語もあります。言語や欠けた部分によっては、意図とまったく異なるようなネガティブな意味になる可能性もあり、非常に重要なテストです。

　日本語でも、濁点の有無だけで意味が変わってしまうような単語がありますが（例：バグ／ハグ／バク）、それに近い感覚かと思います。

🔍 対　策

　各言語で見切れが発生しそうな文字にとりわけ注意しつつ、チェックの要点として「仕様上の文字列」と「画面に表示されている文字列」が合致しているか確認します。

　単純に文字の反映を確認するだけでなく、それぞれの言語の特徴、文字の組立てや発音区別符号（ë、ā……）などを意識すると、テストする言語をよく知らなくてもバグに気づきやすくなります。

📝 ここにも注目！

　母国語ないしよく知っている言語ではないかぎり、今回のようなバグに気づくのはとても難しいです。できれば、ネイティブチェック（その言語を母国語としている人による確認）をテスト前に済ませておきたいところですね。

　複数の言語を切り替えられるゲームを制作する際には、例えば以下のようなタイミングでネイティブチェックを行います。どのように品質を確保するかは、各プロジェクトやゲームによって異なりますので、現場の状況に合わせてよりよいアプローチを考えましょう。

・文章での制作物（シナリオなど）の作成後
・制作物（ガチャの訴求イラストなど）の納品後
・ゲーム内の表示確認

肌の露出度を気にして、ユーザーからクレームが……

ん？このキャラいつもと違うような……そうでもないような……？

衣装を調整したんだよー

海外では露出度が高いと法律的にNGだったりリスクが高いからね

なるほど　海外向けリリースは現地の文化にも気をつけないといけないんですね

その件ですが

海外ユーザーからSNSでクレームがたくさん入っているらしいので近々変更しますよ

またテストお願いしますね

ハイ……

バグ報告書

[概要]
【ローカライズ】キャラクター衣装の露出度合いが、日本語版と欧米版で異なる

[優先度] 高：絶対直す

[バグ詳細]
日本語版のキャラクター衣装はノースリーブだが、海外版のキャラクターの衣装は長袖になっている

[確認手順]
1. ホーム画面からカード選択画面に進む
2. カード選択画面で、キャラクターのカードを長押しする
3. キャラクター詳細画面が表示される
→ 衣装が日本語版と異なる

[再現率] 3/3（100％）

[期待結果]
キャラクターの衣装が日本語版と欧米版で同じであること

👻 原 因

　一般的に、欧米人に比べてアジア人は実年齢より若く見られる傾向があります。そのような事情から、アイドルグループなど、若年層のキャラクターをコンテンツとしたゲームの場合、キャラクターも若く見られてしまい、子どもに過度な露出をさせていると誤解される可能性があります。

　通常、ノースリーブ程度であれば問題ありませんが、リスクを気にし過ぎたあまり、肌の露出を控えた結果が裏目に出てしまいました。

🔎 対 策

　日本のキャラクターコンテンツを題材としたゲームをプレイしてくれる海外ユーザーには、そのゲームの世界観にのめり込んで楽しんでいる方も多いです。また、キャラクターの年齢設定や日本のカルチャーなどを理解しており、コンテンツをそのまま楽しみたいという傾向が強く見られます。なので、大好きなキャラクターがいつもと違う衣装や振舞いをしていれば違和感を抱き、場合によってはクレームに発展することもあります。

　海外にリリースするゲームへのカルチャライズ（各国の文化に合わせてコンテンツを調整すること）は必要ですが、コンテンツの世界観は維持しなくてはいけません。

📝 ここにも注目！

　マンガやアニメを原作とするゲームで、原作の海外版が先にリリースされている場合は、ゲームの世界観を先行してリリースされたマンガやアニメに合わせ、ユーザーが違和感なく遊べるようにする必要があります。

　具体的には、現地の言葉に翻訳されたマンガやアニメをゲームの中に取り入れるなどが挙げられます。そのため、ゲームの制作現場で、先に放映されたアニメを全話チェックしてセリフを書き起こすこともあります。

　また、今回のケースで扱ったように、世界観を維持しつつも、海外における習慣、宗教なども意識したローカライズが必要になる場合もあります。このような調整のことを「カルチャライズ」といいます。

体が壁にめり込んじゃう!?

3Dキャラクターが使えるようになったよ！テストは任せた！

わかりました！がんばります！

あれ……？この壁、たまにキャラと重なってる気がするなぁ……

地面にもめり込んでるような……

報告しにくい……

うーん、どこからがバグなんだろう……？

あっ！これはさすがにバグですよね!!

たしかに可愛いけどこりゃバグだね!!

可愛いですけど!!

バグ報告書

[概要]
【3Dモデル】キャラクターが壁にめり込んで進行できなくなる

[優先度] 高：絶対直す

[バグ詳細]
クエストのフィールド内でキャラクターを壁に向かって進むように操作すると、壁にめり込んで進行できなくなる

※ クエスト○○、フィールド内の最奥の壁で発生を確認

※ アプリを再起動することで、正常な位置（壁の手前）からクエストが再開され、ゲームを進行できる

[確認手順]
1. ホーム画面からクエスト選択画面に遷移する
2. クエスト○○を選択する
3. フィールド内の最奥の壁にぶつかるようにキャラクターを操作する
→ キャラクターが壁にめり込んで、進行できなくなる

[再現率] 3/3（100%）

[期待結果]
キャラクターが壁にめり込まず、進行不能が発生しないこと

原　因

　「コリジョン判定バグ (壁抜けバグ)」とは、ゲーム内のオブジェクトにコリジョン (当たり判定、衝突判定) が正しく設定されていないことが原因で発生するバグのことです。ひと括りに「コリジョン判定バグ」といっても、ゲーム内にはさまざまなオブジェクトがあり、組合せによってさまざまな現象が起こり得ます。

〈ゲーム内オブジェクトとコリジョン判定バグの例〉
・プレイキャラクター×壁： キャラクターが壁をすり抜けてしまうバグ
・プレイキャラクター×敵キャラクター： キャラクターどうしが不自然に重なるバグ
・衣服×髪型： キャラクターの髪が衣服を貫通してしまうバグ

対　策

　コリジョン判定バグ対策のテストには、大きく分けて 2 つの方法があります。

　1 つ目は、人によるテストです。ゲームテストでイメージしがちな「ゲーム内の壁に向かってキャラクターをぶつけ続ける」といった古典的なテスト方法ですが、実は今でも実施されることがあります。メリットは、テスト実施者に説明しやすいことです。一方、デメリットとしては、大量の人員が必要になる (コストがかかる) という点や、バグを見つけられるかはテスターの腕次第 (壁抜けしそうな箇所やタイミングを見つけるスキルが必要) という点が挙げられます。

　2 つ目は、自動テストです。昨今のゲームは操作の自由度がどんどん高くなっており、人によるテストだけではバグを拾い切るのが難しい場合もあります。導入のハードルはやや高めですが、テスト環境を自動で何周も回ってくれるようなプログラムを組むことができれば、24 時間稼働させてバグを検知することも可能でしょう。

ここにも注目！

　コリジョンのテストを行う際は、テスト開始前にバグの基準を明確にすることが重要です。今回のケースのような、グラフィックの見た目のテストでは、人によってバグだと感じる基準にばらつきがあるからです。例えば「キャラクターの身体が半分壁に埋まる場合」は大多数がバグだと認識すると思いますが、「足先だけが地面に埋まる場合」では、バグと判断しない方もいるのではないでしょうか。

　基準の認識合わせを行わないままテストを進めてしまうと、開発チームから「こんな些細なものは報告不要」と言われ、せっかくのテストが無駄になってしまったり、逆に「もっと細かいところまでバグ検出してほしい」と、計画外の追加テストが発生したりするリスクがあります。

38

見つけやすさ Lv

座標に注意 !?

フィールドで突然
操作できなくなるバグが
あるらしいんだけど条件が
わからないんだよね……

ちょっと
調べてくれない？

はい！

ヨ口…

どのあたりで
起きやすいとか
ありますか？

中ボス
モンスターの
いるあたりかな

わかりました！
うろうろ
してみます！

たしか…

うーん、何も
起きないなぁ……

あとは中ボスの
いる座標くらい
だし……

よし！
倒しちゃえ！

嫌宿フィールド

あっ！
中ボスが再出現したら
操作できなくなりました！

おかえり！！

そこかー！！

バグ報告書

[概要]
【フィールド】敵キャラクターが再配置される座標上にユーザーキャラクターがいると、操作不能になる

[優先度] 中：直す

[バグ詳細]
フィールドに敵キャラクターが再配置されるとき、同じ座標上にユーザーキャラクターがいると、ユーザーキャラクターが操作不能になる

[確認手順]
1. フィールド上の中ボス敵キャラクターを倒す
2. 敵キャラクターが再配置される座標（X：○○、Y：△△、Z：□□）に移動して待つ
3. 敵キャラクターが再配置される
→ ユーザーキャラクターを操作できない

[再現率] 3/3（100%）
　　　　※ 座標をぴったり合わせる

[期待結果]
敵キャラクターが再配置される座標上にユーザーキャラクターがいても、操作不能にならないこと

👻 原　因

　ユーザーキャラクターがすでにいるところに敵キャラクターを配置しようとして、操作不能になるというバグです。

　通常、初回表示などのタイミングでは、キャラクターなどのオブジェクトが他のオブジェクトに重ならないように配置しています。今回のケースでは、一度倒した敵キャラクターをしばらく後に再配置するのですが、そのタイミングでオブジェクトが重なる可能性が考慮されていませんでした。おそらく、オブジェクトどうしがお互いを押し出す処理がまったく同じ座標において発生し、処理が完了しなかったため、ユーザーキャラクターの操作を受けつけなくなってしまったのでしょう。

🔍 対　策

　オブジェクトどうしの干渉をテストすることはよくありますが、今回はゲーム中に新しいオブジェクトが配置され、なおかつユーザーキャラクターがちょうど同座標にいることで発生するという、やや再現の難しい条件でした。しかし、オンラインで複数人が同時にプレイするようなゲームでは、フィールド上のボスが再配置されるのを何人ものユーザーが同じ場所に集まって待つため、実際のプレイでも発生する可能性は十分にあります。実際のユーザーが行いそうな行動を想定するのも、テストでは重要です。

📝 ここにも注目！

　通常のテストだけで見つけるのは難しいバグもあります。このようなやや特殊なバグを検知するためには、ユーザーの行動を想定したシナリオを書いて行うシナリオテストや、何千人といった規模で行うベータテストなどの実施が有効です。

同じグループなのに　メンバーが違う！

バグ報告書

[概要]
【グループ作成】グループの定員を超えて同時に参加しようとすると、それぞれ異なるメンバーからなるグループができる

[優先度] 高：絶対直す

[バグ詳細]
定員4名のグループに5名以上のプレイヤーが同時に参加しようとした場合、それぞれ異なるメンバーからなるグループが作成される（各プレイヤーから見えるグループのメンバーが異なる）

[確認手順]
1. 6台のスマートフォンから同じグループへの参加申請を同時に行う
2. グループのメンバーを確認する
→ グループメンバーがそれぞれ異なる
※ 右ページの表を参照

[再現率] 3/3（100％）

[期待結果]
定員まではグループに参加でき、各プレイヤーから見たグループのメンバーが同一であること。
また、参加できなかったプレイヤーには、参加できない旨を知らせるメッセージが表示されること。

原因

　今回の例では、グループに参加するスマートフォン端末からサーバーに参加リクエストを送り、サーバーから参加許可とグループメンバー限定の情報を端末が受信することで、スマートフォンの画面にグループが表示されます。グループ参加・グループ作成において、サーバー側の判定仕様に曖昧なところがあり、バグが発生しました。

対策

　複数のスマートフォンから同時にアクセスしても、サーバーに情報が同時に反映されるわけではなく、通信が速かったものから順に接続されます。サーバー側で、定員に達したら「グループが作成された」という判定処理を行い、その後に届いた通信に対しては、参加できないという情報を返信する仕様にするとよいでしょう。

ここにも注目！

　グループ作成・参加のテストは境界値に目が行きがちですが、同時にグループに参加するという、「タイミング」もテスト観点として考慮してみてください。動きの多い戦闘場面などではタイミングのテストを行うことが多いですが、動きの少ない場面でもタイミングを考慮する必要はあります。

　また、「対策」で述べたような判定処理を追加すると、処理時間が長くなることがあります。サーバー側で処理中であることがプレイヤーにわかるように、画面上に「確認中」などのメッセージを表示しておくとよいでしょう。

表　本バグにおけるプレイヤーとグループの組合せ

プレイヤー（スマートフォン端末）	表示されたグループメンバー					
	a	b	c	d	e	f
a	○	○		○	○	
b			○	○	○	
c		○	○		○	○
d	○		○		○	○
e	○		○	○		○
f		○		○	○	○

※ 4名グループは毎回ランダムに作成されるため、必ずしも表と一致しない。

40

見つけやすさ Lv ♘ ♘ ♘

通信あるところに
バグあり！

アイテムのテストお疲れさま〜
通信遮断も確認しといてね

通信遮断ってなんですか？

ああ！電波が切れたりしますもんね

途中で意図的に通信できないようにしてバグが起こらないかテストするんだよ

スマホ　サーバー

コインは減ったのにアイテムがもらえてないです!!これはクレームものですよ!!

はっ!!そうでした!!

通信が発生するところはバグも起きやすいんだよ……

あとテストであって自腹課金とかしてないからね？

バグ報告書

[概要]

【ショップ】アイテム購入時に通信遮断が発生すると、アイテムが購入できない

[優先度] 高：絶対直す

[バグ詳細]

アイテム購入時に通信遮断が発生すると、通信状態が復帰しても、アイテムを入手できず、コインは消費されている

※ テスト環境で確認

[確認手順]

1. ショップ画面で任意のアイテムを選択する
2. 購入確認画面で「OK」を選択する
3. 端末がサーバーと通信を始めたら、一旦通信を遮断し、また正常に戻す
4. ホーム画面でコインの状態を確認する
→ コインが消費されている
5. アイテム一覧画面で、アイテムの状態を確認する
→ 該当アイテムを所持していない

[再現率] 3/3（100％）

[期待結果]

通信状態復帰後、「コインが消費され、アイテムを所持している」か「コインが消費されず、アイテムを所持していない」のどちらかの状態であること

👻 原　因

　スマホゲームではアイテム購入やクエストクリア時など、サーバーと通信を行う場面が多く存在します。もちろん、途中で通信が遮断されることも起こり得るので、失敗時にきちんと復帰する仕組みがないとユーザーの不利益につながってしまいます。特に、回数の制限があるアイテム交換やガチャ、課金を行う場面などでバグが起こると、ユーザーが本来得られるべき対価を得られないおそれがあります。

🔎✦ 対　策

　テストにおける対策として、まずは、スマートフォンとサーバーとの通信が行われるタイミングを洗い出しましょう。そのうえで、通信が行われるタイミングで通信を意図的に遮断し、正常に復帰した後、期待どおりに動作するか確認します。この方法でテストを行うことで、意図しない挙動が起こったとしても、事前に検知することができます。

　根本的な解決のためには、通信遮断が発生した際の挙動をプログラミングの知識を持ったメンバーでレビューし、対応を検討しましょう。意図しない挙動の発生率が100％でなく、テスト実施時に検知できなかった場合は、バグを見落としてしまう可能性もあります。コードのチェックも併せて行うと安全です。

📝 ここにも注目！

　今回のテストでは、「サーバーと通信できない状況を作る」「通信を意図的に遮断する」といったことを行っていますが、「通信できない状況」はどのように作っているのでしょうか。

　昔は、冷蔵庫やエレベーター内に検証端末を持ち込んで通信遮断を発生させていました。今では、スマートフォンの機内モードを利用することで、比較的容易に「通信できない状況」のテスト環境を作ることができます。

え!? そんなところにも？ アップデートの落とし穴

次のイベントって草原マップから開始でしたっけ？

うん 明日のアップデートで追加予定だよ～

おつかれ～

すきすき

草原ってメインストーリーの序盤に出てきたマップですよね 初心者も参加しやすそうです！

あー そういえば序盤でも使われてたか……

既存のマップを使う場合はイベントの開始条件も要注意だね

以前 アプデ前に該当マップにいたらイベントが開始できなくて困ったことがあります……

そうそう 通常のストーリー進行に影響することもあるから 開始条件やプレイ条件も考えてテストしないとだね

……ってアプデ明日ですよね!?

そうだよ～

ずーん…

バグ報告書

[概要]

【イベント】 アップデート前に草原マップにいると、イベントを開始できなくなる

[優先度] 高：絶対直す

[バグ詳細]

アップデート直前に草原マップ（新規イベントの開始地点がマップ内にある）でプレイしていると、アップデート後はイベントを開始できず、マップからも出られない

[確認手順]

1. ver 1.2.1 のデータで草原マップにプレイヤーを配置する
2. ゲームアプリをver 1.2.2にアップデートする
3. ゲームを再開する
4. イベント開始地点に移動する
→ イベントが開始されず、マップから出られない

[再現率] 3/3（100%）

[期待結果]

イベント開始地点に移動したら、イベントが開始されること

🐙 原　因

　本例は、プレイヤーがマップに入るとイベント開始フラグ（条件を満たすか確認するための値）が立つという仕様でした。そのため、プレイヤーがすでにイベントマップ内にいた場合、「マップに入る」ことがないのでフラグが立たず、バグが発生しました。

　RPG のような、「マップ」のあるゲームの場合、マップ内にイベントやゲーム進行に影響するフラグを持たせた NPC を配置することがあります。他にも、マップに特定のタイミングで入ったときに発生するフラグや、マップ内のある地点に到達したときに発生するフラグなど、フラグの形はさまざまです。

　スマホゲームでは、通常のストーリー進行だけでなく、運用の途中で既存のマップを利用したイベントが実施されることがあります。既存マップを使う場合は、イベントが追加されたタイミングでのプレイヤーのゲーム進行状況に注意し、「どのような状況でも正常に開始できるか」という視点を持つことが重要です。

🎣 対　策

　イベント追加の際には、イベントを開始するための条件の確認が必要です。今回のように「マップに入る」ことをイベント開始条件とする場合、「すでにマップ内にいる」「ワープなどでマップに入る」「強制移動でマップに入る」など、さまざまな入り方に対して、それぞれどのような挙動になるのかを考えておくことが求められます。

　このようにさまざまな条件が考えられる場合、ゲーム自体の仕様をパターン化してまとめておくと、今後のテストの網羅性を高められます。今回は「イベントの開始／終了条件」が仕様にあたります。パターン化の方法としては、共通のテスト観点としてテストチーム内で参照できるようにすることや、仕様書のフォーマットとして「イベント開始条件」「イベント終了条件」記入欄を設けてもらうことなどがあります。

📝 ここにも注目！

　イベントによっては、イベントを開始することでストーリー進行が一時的にできなくなるようにフラグ制御する仕様にすることがあります。このような場合、ユーザーのストーリー進行の状況と、関連するフラグを整理し、イベント追加による影響範囲を網羅的に確認できるようにしておきましょう。

　とはいえ、すべてのフラグをテストするのは、業務量や時間的なコストもかかり、現実的ではありません。このような場合、テストチームだけでなくイベントの開発担当者と影響範囲の認識合わせを行い、リスクを踏まえてテスト範囲の絞込みを進めましょう。

42

憂鬱の OS アップデート

新しいAndroid OS楽しみですね！

新人ちゃんは元気だね……私は憂鬱だよ……

どうしてですか？

今回新しい機能が追加されるじゃん？その発表が遅くてテストできる時間が十分になかったんだよ……

新OSリリース当日

新機能のマルチウィンドウを使うとゲームが操作できませんっ！

すぐ報告しよう……

OSアップデートでは新機能に要注意だね……

す……すごく身に染みてわかりました……

バグ報告書

[概要]

【全般】マルチウィンドウモードにした際に、ゲームが正しく動作しない

[優先度] 中：直す

[バグ詳細]

ゲームアプリを起動中に、最新 OS の機能であるマルチウィンドウモードを使用すると操作不能になる

※ マルチウィンドウモードを解除すると
　　再度操作可能になる

[確認手順]

1. ゲームアプリを起動する
2. ゲームアプリをバックグラウンドに送る
3. 任意の他のアプリを起動する
4. マルチウィンドウモードでゲームアプリと手順 3 で選んだアプリを表示する
5. ゲームアプリ上で任意の操作を行う
→ ゲームが操作できない

[再現率] 3/3（100%）

[期待結果]

マルチウィンドウモードでゲームが正常に動作すること。

または、マルチウィンドウモードの表示アプリとして本ゲームアプリを選択することができず、対応していない旨が表示されること。

👻 原 因

　OSアップデート時の動作不良は、考えられる原因が幅広く、バグを発見するたびに一つひとつ追究しないと、原因はなかなか判明しません。

　スマホゲームは、それをプレイするスマートフォン端末の影響を強く受けます。特にOSアップデートによる新機能追加は鬼門になることが多く、ゲームがプレイできなくなるような動作不良につながる場合も珍しくありません。また、厄介なケースとして特定の機種のみで動作不良が発生することもあるため、OSアップデートはユーザーとしては新機能を利用できるよい機会である一方、開発者としては新機能に振り回される頭の痛いイベントになりがちです。

　テストで見つけられなかった原因としては、ひとえにテスト不足でしょう。特に、新機能発表からリリースまでの期間が短い場合、テストの時間も十分に取れず、特定の機種に依存するバグを見つけるためのテストは漏れてしまいがちです。

🔎 対 策

　対策としては「ベータ版において十分なテストを行うこと」につきます。OSアップデートの場合は、情報公開からリリースの間で、ベータ版という形で開発者にテストなどを行う機会が与えられています。ベータ版が公開されることを予測して事前準備を入念に行うことで、ベータ版がリリースされたタイミングからすぐテストを開始できるようにしておくことが重要です。

　ただし、ベータ版とリリース版はまったく同じではなく、機能の詳細や見えない部分のつくりが異なりますので注意しましょう。ベータ版でのテストが問題なかったからといって、リリース版でも絶対にバグが起きないとは言い切れません。ユーザーにとって影響の大きい機能は、リリース版でも改めてテストすることが望ましいです。

📝 ここにも注目！

　新OSなどのリリース情報は各社に個別で連絡が来るわけではなく、プロモーションの場などで公式発表されるリリース情報を各社が自主的に取りに行く必要があります。それらの情報をキャッチするタイミングが遅いとテスト期間を十分に確保できず、結果としてバグにつながってしまうこともあります。

　そのため、最新情報をキャッチするための社内の仕組みづくりが非常に重要です。スマホゲームを取り巻くもの（スマートフォン端末やOS、通信環境など）に関する最新情報を取得し、部署間で迅速に連携する体制を築くことで、計画的な開発対応やテストの実施につながります。

コリジョン判定バグは多種多様

　コリジョン判定（衝突判定）にかかわるバグには、いくつかのパターンがあります。主なパターンを見つけやすいものから順に挙げてみました。3D オブジェクトを使ったゲームをテストするときには、このようなバグが起きていないか気をつけてみましょう！

・コリジョン設定ミス

　壁、岩、木など、フィールド内のオブジェクトのコリジョン設定にミスがあった場合です（→ P.88 Stage1-37 のケース）。オブジェクトとキャラクターは本来同じ位置に存在できないはずですが、ミスにより重なって表示され、壁や岩にめり込んだ状態になります。

　影響としては、まず世界観が崩れてしまうことが挙げられます。また、フィールド上の障害物をすり抜けてショートカットできてしまったり、当たらないはずの攻撃が当たるようになってしまったりすることで、チート(不正)やユーザーにとって不利益な状態が発生する可能性があります。

・オブジェクトの隙間

　フィールド内のオブジェクトとオブジェクトの隙間を狙って、キャラクターや車などをぶつけてみると、オブジェクトを通り抜けてしまうことがあります。例えば、オープンワールドゲームの建物と建物の間、岩山の頂点、レースゲームのサーキットの曲がり角などです。

　影響としては、例えば、レースゲームでショートカットができてしまうことがあります。また、オープンワールドのゲームでは、ストーリー上まだ入れないはずの場所に入れてしまうことでゲームバランスが崩れてしまうことが考えられます。

・物理演算の穴

　壁など通常通り抜けられないオブジェクトに向かって何度もダッシュでぶつかってみると、突然オブジェクトを通り抜けることがあります。これは当たり判定を計算するときに、次の移動ポイントを計算するまでの時間・サイクルが想定よりも長い場合や、移動速度が想定よりも早い場合に発生するバグです。計算サイクルを短くすることで解決できますが、その場合、計算回数は増えてしまいますので、低スペックのデバイスではゲーム自体の動きが遅くなってしまう結果につながります。

　ユーザー体験を優先させるか不具合防止を優先させるかは、ゲーム開発にとっては非常に悩ましい問題です。ゲームによっては画面解像度を任意（高解像度・低解像度）に設定できるようにすることでユーザー体験と不具合防止を両立させている場合もあります。

　また、どのパターンのコリジョン判定バグにも当てはまることですが、壁の内側など想定外の場所に入り込み、身動きがとれなくなってしまった場合の対策として、強制的にプレイ可能なフィールドに戻す機能を備えているゲームもあります。すべてのゲームにこのような機能を備えることは難しいかもしれませんが、コリジョン判定バグが多発する場合は、テストを進めやすくするためにデバッグ機能としてこのような機能を実装するよう相談してみるのも一手です。

見つけたバグを
観察しよう

01 見つけるための観察テクニック

けっこうバグが出たなあ……このへんで一旦切り上げてまとめるか

 もうそんなに出たんですね！ 私、まだ数件なのに……

たくさん見つけるのがいいってことでもないけど、ちょっとしたコツがわかれば、1つのバグから芋づる式にたくさん見つけられることもあるよー

 なんと、そんな技が！ 私にも教えてください〜

もちろん！ バグの起こる原因や傾向がなんとなく把握できたら、そのまわりをあたってみるといいよ

 えっと……

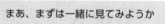 まあ、まずは一緒に見てみようか

 はい！ これで私もバグをドシドシ見つけるぞー

いや、たくさん見つけられればいいってわけじゃないからね……

01 似たようなバグが他にもある？

🎃 バグのまわりには他のバグが隠れている

　バグはプログラム内で偏在する傾向があります。ゲームの各機能で幅広く均等に一定数発見されるのではなく、特定の機能に偏って発見されるのです。プログラムが複雑であることや、実装のもとになる仕様書の考慮漏れなどが原因となるためです。

　そのため、バグを1つ見つけたとき、周辺に他のバグが隠れていないか確認することは、バグの見つけ方としてとても有効です。バグの発生している範囲と発生していない範囲を明確できると、バグ修正担当者の手助けにもなります。

🔍 周辺を確認する

　まずは、発生したバグの周辺を確認してみましょう。例えば、以下の要領で他の部分にもバグが隠れていないか試してみます。

| バグが発生した箇所：攻撃の当たり判定 | → | 回復の補助魔法の判定にも
バグがないか？ |
| バグが発生した箇所：「戻る」ボタン | → | 他の画面の「戻る」ボタンにも
バグがないか？ |

　バグが発生した要因や、バグの発生しているプログラムの影響範囲を想像してテストを行うと、このような「周辺のバグ」を見つけやすくなります。

🔍 条件を変えて試してみる

　次は、条件を変えてもバグが発生するか確認してみましょう。「使用するキャラクター」「スキルの種類」「アイテムの所持数」「ランク」「レベル」など、特定の条件に依存していないか確認します。

　バグの中には、どんな条件でも発生するバグと、特定の条件でしか発生しないバグがあります。バグが発生する条件を明確にすることは、バグ修正担当者がバグの原因を特定する際に役立ちます。また、ごく限定的な条件でしか発生しないバグなど、ユーザーの遭遇頻度がわかれば、修正するバグの優先度を決めることもできます。

　さまざまな条件に依存して発生するバグについては、以降の内容で詳しく触れていきます。

📜 ここにも注目！

　「周辺にもバグがあるか」「バグの発生する条件はあるか」などの情報を調査したら、バグ報告書にも記載するようにしましょう。周辺のバグが報告されなかったことが原因で修正が漏れてしまうことや、バグの発生条件が不明確なため修正担当者の手元では再現できずに修正できないということが起こり得ます。

　また、バグが修正された後には、修正状況を確認するためのテストを行います。この際、必ずしも報告者と同じ担当者が確認できるとは限りません。別の担当者でも修正されたことを正確に確認できるようにするには、報告時点で周辺のバグや発生条件が明記されていることが重要です。

02 スマートフォンを変えたらバグがなくなる？

さっきはバグっぽかったのに、別のスマートフォンで試してみたら、なんと勝手に直っています！ ゲームにも自然治癒ってあるんでしょうか!?

えっとね…… 機種を変えてテストすると、バグが出ないことがあるのだよ
ゲームとかいわゆる「アプリ」は、「アプリケーション（応用）ソフトウェア」って言って、「基本ソフトウェア」と「ハードウェア」の上で動いてるのね？

基本ソフトウェアが OS、ハードウェアがスマートフォンですね

そうそう、OS や端末によって挙動が違うことも多いから、テストのときは OS とハードウェアを気にしながら進めようね

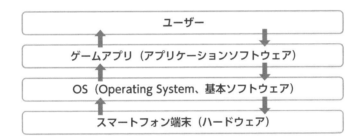

図 2-1　スマートフォン端末とゲームアプリの関係性

🟣 スマートフォンに使われている OS とバグ

　スマートフォンの OS は、代表的なものとして次の 2 つがあります。1 つは Apple の iPhone シリーズに搭載されている「iOS」、もう 1 つは Google が Samsung やソニーなどに提供している「Android」です。スマホゲームの多くが、iOS と Android の両方に対応しています。

　一方の OS で正常に動作しても、もう片方の OS では思わぬ挙動をするなど、どちらかの OS だけでバグが発生することもあります（このような場合、OS に「依存する」バグ、という言い方をよくします）。必ず両方の OS で確認しましょう。

👻 OS のバージョンによって、動作が異なる場合がある

　iOS も Android も、一度リリースしたら終わりではなく、頻繁に更新を行っています。最初のリリースからの更新の回数などを表すのが「バージョン」です。バージョンはピリオドで連結された数字で表されることが多く（例えば「△△ OS 17.0」）、新機能の追加や大きな仕様変更などを表す「メジャーバージョン」、中・小規模の仕様変更やバグ修正などを表す「マイナーバージョン」で構成されています。

　基本的にはバージョンにかかわらず正常に動作しますが、特定のバージョンでのみ動作しないというバグが発生することもあります。

　すべてのバージョンを用意してテストを実施するのは現実的には難しいので、テストの目的に合わせてバージョンを選ぶことをおすすめします。例えば、「できる限り多くのユーザーのスマートフォンで動作することを確認する」場合は、ユーザーの使用率（OS バージョンごとのシェア率）の高いバージョンや、最新の OS バージョンでテストを実施します。また、「対象のゲームが動作を保証している OS バージョンを確認する」場合は、動作を保証しているすべての OS バージョンでテストを行います。

🔑 スマートフォンの画面アスペクト比の違いを考慮する

　「アスペクト比」とは、画面の縦と横の比率のことです。スマートフォンは機種によって画面の大きさやアスペクト比が異なっており、同じメーカーであっても異なる場合があります。テストを行う際は、アスペクト比が異なる複数の機種で表示のされ方を確認するようにしてください。特に、縦に長い画面のスマートフォンで、表示バグが発生することが多いようです。

〈機種によるアスペクト比の違いの例（縦：横）〉

　A社　スマートフォン　　19.5：9
　B社　スマートフォン　　　21：9
　C社　タブレット　　　　　3：4

画面の解像度の違いを考慮する

解像度も重要です。スマートフォン端末の解像度にゲームが対応していない場合、やはり表示のバグが発生します。

テレビはフルハイビジョン（1920 × 1080）や4K（3840 × 2160）など画面の解像度が規格で統一されていますが、スマートフォンの解像度は一律に決められておらず、機種によって異なります。

もし解像度が合わない端末でプレイしようとすると、画面が縦や横に長く引き伸ばされて表示されたり、そもそも画面が表示できないこともあったりします。テストでは代表的な解像度をいくつか挙げておき、動作確認を忘れずに行いましょう。

〈機種による解像度の違いの例（縦×横）〉

A社　スマートフォン　　　2340×1080
B社　スマートフォン　　　3840×1644
C社　タブレット　　　　　2732×2048

ノッチの位置を考慮する

機種によってはディスプレイをできる限り大きくするために、フロントカメラ（画面側にあるカメラ）やスピーカーを画面内に黒っぽい切込みに配置しているものがあります。この切込み部分は「ノッチ」と呼ばれています。

本来は画面として使用されている部分を切り抜いているので、ノッチ部分にゲームの操作ボタンが配置されていると、ノッチがある機種では操作ボタンが押せなくなってしまいます。ノッチがある機種での操作確認も忘れずに行っておきましょう。

図 2-2　ノッチの例

SoC を考慮する

Stage 1 （→ P.45）でも解説しているように、スマートフォンに搭載されている SoC はさまざまなメーカーによって作られており、メジャーなメーカーだけでも 5 社程度あります。メーカーによっても違いや特徴があるため、A 社の SoC では問題なく動作するが、B 社の SoC では動作しないということが起こります。

テストで使うスマートフォン機種を選ぶときには、SoC の違いも考えて選ぶようにしましょう。

ここにも注目！

スマートフォン機種に依存したバグではありませんが、アプリやデータを保存するストレージに依存するバグもあります。

Android スマートフォンの一部の機種には、本体に内蔵しているストレージに加えて、外部ストレージとして SD カードを使えるものがあります。データやアプリを多く保存できるというメリットがある反面、バグが発生する要因にもなります。特にアプリの起動やゲーム中のデータ読込みにおいて注意が必要です。

SD カードは、規格によりデータの読込み速度が異なります。遅い読込み速度の SD カードの場合、ゲームの起動やデータの読込みに影響します。注意してみてください。

03 いつから発生していたバグ？ 以前から？

😈 見つけたバグは以前から発生している場合もある

　アプリのバージョンアップのテストで見つけたバグは、どのバージョンから発生していたかを明確にすることが重要です。

　テスト中のバージョンでバグを見つけたとしても、バグが発生したのがそのバージョンとは限りません。以前のバージョンで発生していたけれど、気づかずに公開されていたという可能性もあるためです。バグの発生したバージョンによって取るべき対応が異なるため、発生バージョンの特定を行い、適切に対応できるようにしましょう。

🔍 発生バージョンを特定する

　新しく実装した機能やデータで発生したバグであれば、現在テスト中のバージョンから発生したバグだとすぐにわかります。しかし、最新のバージョンアップでは手を加えていない既存の機能でバグが見つかった場合はどうでしょう？

　直接変更を加えてはいないものの、関連する機能で変更・修正が行われたためバグが発生する、いわゆるデグレ（デグレード）の可能性や、以前のバージョンから発生していたが修正できていなかったバグの可能性があります。

　発生バージョンを特定する前に、バグ管理システムなどがある場合は、過去に同じバグが報告されていないか確認しましょう。すでにバグ報告書があれば、そこから修正されていない理由がわかるかもしれません。「修正に時間がかかるため先送りにしている」「バグのように見えるがバグではないため修正しない」といった情報を得られるはずです。

　バグ管理システムを頼れない場合、テストを実施して発生バージョンを特定する必要があります。特定するには、バグを見つけたときと同じテストを1つ前のバージョンで行います。同じ条件、同じ手順、同じユーザーデータをそろえ、1つ前のバージョンと後のバージョンとで同じ結果になるか確認を行います。

　後のバージョンでしか発生しないのであれば新規のバグ、1つ前のバージョンでも発生するのであれば既存のバグです。

🔍 新規のバグだった場合

　後のバージョンでしか発生しない場合、通常のバグ修正フローで対応します。プログラマーに報告し、そのバージョンをリリースする前までにバグを修正し、ユーザーの手元ではバグが発生しないようにします。

ただし、変更を加えていない箇所でのバグ、つまりデグレが発生している場合は、上司や関係者に報告し、別の対策を取るようにしたほうがよいかもしれません。

　変更を加えていない箇所のバグはリグレッションテスト（デグレを検出するために行うテストで、ゲームの機能を改めてひととおり確認する）にて検出しますが、デグレが多い場合にはテスト範囲の拡大やテスト時間を長くするなど、通常フロー以外の対策が必要になります。

　テストの時間やリソースは有限であるため、そもそもデグレが発生しないような開発を行うことも重要です。

既存のバグだった場合

　以前のバージョンから発生していたバグの場合、取るべき対策は新規のバグと異なります。本来検出すべきだった前バージョンのテストで、バグを検出できていなかったことになるからです。

　検出できなかった原因としては「テスト観点が漏れている」「テスト実施者がバグを見逃している」「テスト時間が不足している」などが考えられます。これらの根本的な問題に対処しない場合、以降で実施するテストでも同じようにテスト漏れが起こるかもしれません。テストが漏れた要因を明らかにし、すぐに改善策を考えましょう。

　また、リリース済みのバージョンでバグが発生していた場合、ユーザー向けの対応が必要な場合があります。本番環境で発生したバグについては、後述の「06　テスト環境でだけ？　本番環境でも起きている？」（→ P.114）で詳しく説明します。

04 日本語版だけ？ 海外版でも起きている？

あわわ……、先輩！
明日申請予定のアドベンチャーゲームで、こんなバグが……っ！

まあまあ、落ち着いて。どんな環境で確認したの？

は、はい！ このスマートフォンでー、アプリを立ち上げて……

ふむ、なるほどね。
新人ちゃんは「日本語版」でだけ確認をしたのねー

はいっ！ あれ？ 何かおかしいですか？

惜しいねえ。このゲーム、何か国語に対応していたかな？

えっと、英語、韓国語、フランス語なので……
日本語を入れて、4つの言語ですね

じゃあ、海外版ではどうなってるか見てみない？

はい!!

👻 日本語版で起きたバグは、海外版でもバグが起きているかも？

　実際にあった海外版のバグで次のようなものがありました。アプリの構成としては
「日本語版」と「海外版（日本語以外の言語版）」を、それぞれ別のアプリで提供して
いるものです。日本語版は日本のアプリストアからしかダウンロードできず、海外版
では海外のアプリストアからしかダウンロードできません。

　どうしてアプリが日本語版と海外版で分かれているのかについては、例えば「最初
の計画では日本語版のみの運用を想定していたものの、後から海外展開の話が出てき
た」など、開発のタイミングや環境が異なる場合が考えられます（それ以外にも、開
発元の方針という場合もあり、ゲームによりけりです）。

　このように同じゲームでもアプリが複数存在する場合、それぞれ別のアプリとして
開発されているので、テストもそれぞれのアプリに対して行う必要があります。基本

的に（言語を除いて）アプリの内容はほぼ同じですが、異なる機能や制限が入ることもあります。

表2-1 海外版アプリのみにある機能や制限の例

機能・制限	内　容
ガチャの規制対応	ベルギーではガチャ機能が賭博とされているため、ガチャ関連の機能を制限する必要がある
言語切替え	複数の言語に対応している場合は、言語を切り替える機能を実装する
字幕	アプリ上で使われている音声が日本語のみの場合、対応言語の字幕を入れることがある

表 2-1 では海外版アプリで特に考慮すべき内容を挙げましたが、逆に日本語版のアプリのみに実装する機能もあります。例えば、日本でのみ適用される「資金決済法」「特定商取引法」などへの対応は、海外版では考慮しなくても問題ありません。

👾 どちらか片方だけで起きている可能性もあるかも？

「日本語版で発生したバグは海外版でも起きているかも？」ということは、逆に「海外版でのみ起きていて日本語版では起きていない」というバグもあるということです。バグはさまざまなパターンで潜んでいます。

では、どういうものが考えられるでしょうか？ まず一つは、表 2-1 に挙げたような海外版のみの機能や制限で起こるバグが考えられます。また、身近な例ですと、言語のデータを間違えて配置していたというバグも考えられます。例えば、「ドイツ語のアプリなのにフランス語の文字が入っていた」などですね。海外版となると、英語はギリギリわかっても、それ以外の言語では見逃しやすくなりがちです。

05 他のゲームでも発生する？

　特定のスマートフォンもしくは特定の OS バージョンのみでバグが発生していることがあります。その際にバグの原因がどこにあるのかを探る方法として、以下のステップで切り分けを行うと、原因にたどり着きやすくなります。

自社（同じ開発会社）の異なるゲームをプレイしてみる

　開発・運用しているゲームが複数ある場合、テスト中のスマートフォン端末や OS バージョンで、別のゲームをプレイしてみましょう。

　開発環境の整備が進んでいる開発会社では、共通のゲームエンジン（Unity、Unreal Engine など）や、共通のミドルウェア（CRIWARE など）を使っていることがあります。バグが見つかったゲーム以外でも、同じゲームエンジンやミドルウェアに依存したバグが起こっているかもしれませんので、確認をおすすめします。

他社の同じジャンルのゲームでプレイしてみる

　バグが発生したゲームと同じジャンルの他社のゲームをプレイしてみましょう。不思議に思われるかもしれませんが、同じようなバグが見つかることがあるのです。

　例えば、画面に表示されるマークを音に合わせてタップするようなリズムゲームで音ズレが発生しているとしましょう。もし同じ端末で他社の同ジャンルゲームをプレイして、同じようなバグが発生すれば、ゲームのバグではなく、スマートフォン（液晶パネル、SoC など）の問題である可能性が出てきます。よって、タッチパネルの設定など、デバイスの機能の観点から切り分けができます。

　また、3D アクションゲームでのコマ落ちなどのバグも、他社のゲームでも同じようなバグが起こる場合、ゲームのバグというよりスマートフォン端末側の問題である可能性が高いです。

ここにも注目！

　ゲームエンジン、ミドルウェアにも、OS 同様、「バージョン」があります。開発環境が同じであることを確認する際には、バージョンにも注意してください。

06 テスト環境でだけ？
本番環境でも起きている？

👾 見つかったバグは本番環境でも起きていることがある

リリース前の機能および追加データを試すためにある環境（テスト環境）で見つけたバグは、すでにリリース済みの環境（本番環境）でも実は発生していたということがあります。本番環境にリリースする前にバグがすべて修正されていることが理想ではありますが、常にそのような運用ができているとは限りません。

なので、すでにリリース済みの機能やキャラクターについてのバグを見つけたら、同じバグが本番環境でも発生するか、念のため確認しておきましょう。本番環境でも発生しているバグは「障害」として扱い、以下に述べるような対応を行います。

🔍 本番環境のバグはただ修正するだけではダメ

本番環境ですでにバグが発生していた場合、ゲームのユーザーへの配慮が必要になります。ユーザーはバグのせいで困っているかもしれません。特に、ユーザーに損害を与える（バグによってアイテムを失う、ゲームやイベントをプレイする機会を失うなど）ような問題が発生していたとしたら、ユーザーへのお詫びと補填を行う必要があります。具体的には、ユーザーが失ったアイテムを調べて返却する、ユーザーの損失に見合う代わりのアイテムを配布するといった対応を取ります。

開発担当者にバグを報告して修正するだけではなく、対応方針や補填の内容をプロジェクトで協議して決める必要があります。必ずプロジェクト内の障害対応フローに則った報告を行いましょう。

🔍 すぐには修正しないこともある

本番環境でバグがあり、本来の仕様と異なる動作だとしても、すぐには修正しないこともあります。

まずは、ユーザーに不利益を与えないバグです。例えば、敵キャラクターの数や行動パターンが本来の仕様と多少異なっていたとしても、大きくバランスを崩しているというほどでなければ、ユーザー体験やプレイに支障はありません。このようなバグは、対応を後回しにするか、修正しないということもあります。

また、遭遇する可能性のあるユーザーがほとんどいないバグもこれにあたります。例えば、特定のアイテムを所持上限まで獲得したときにバグが起こるとしても、その

アイテムを上限まで集めるのに何年もかかるという場合は、急いで対応する必要はありません。

修正しないほうがよいこと、修正できないこともある

　バグの中には、修正せずそのままにしたほうがよい場合もあります。リリース済みキャラクターのスキルやステータス、装備の能力などが仕様と違っていた場合です。後からキャラクターや装備のパラメータを変更してしまうと、ゲームバランスに影響します。従来のクエストやバトルの難易度が上下したり、攻略法が変わったりすると、プレイ中のユーザーは困ってしまうでしょう。

　そのため、バグを含んでいる状態でも大きくゲームバランスを崩していないのであれば、バグを修正せず、それを仕様とするほうが混乱が少なく済みます。

　やむを得ずこのような対応を取ることもありますが、当然、リリース前にバグを検知して修正できたほうがよいです。そのため、バグがユーザーに与える影響や発生し得るリスクを踏まえてテストを計画・設計・実行することが肝要です。

07 スマートフォンの設定が関係している？

さっき報告してくれたこのバグ、再現しないんだけど、条件とか書き忘れてない？

うーん、特別なことはしてないと思うんですけど……

イベントの開催時刻が9時間遅れている……
ハッ、もしかして!? スマートフォンの環境設定はどうなってる？

環境設定？ あっ、えっ、なぜかタイムゾーンがロンドンになってます！

やっぱりね～。ま、これで解決だね！

最初からバグじゃなかったんですね……

確認が漏れがちな、スマートフォンの時刻設定

　今回は、時刻表示が仕様と異なる（9時間遅れている）例で、実際はテストで使用したスマートフォンの設定が誤っていたのですが、バグとして報告してしまったというものです。

　日付・時刻系のバグでは、報告する前に、まずテスト端末の時刻設定を確認してみましょう。日本語版のアプリなのに、タイムゾーンが日本以外になっているかもしれません。ゲームの時刻表示がタイムゾーンに依存した設計になっており、スマートフォンのタイムゾーン設定を参照している場合は、今回のような事象が起こります。また、スマートフォン以外では、デバッグ機能の時刻設定でも同じような状況が起こり得るので、忘れず確認しましょう。

　今回の例では、おそらくゲーム内の他の時刻表記についても同様に9時間ずれて表示されているかと思いますので、スマートフォンの設定以前に、他の画面に遷移するだけで気がつくことができるかもしれません。ただし、たまたま他に参照した箇所がタイムゾーン依存ではなく、ベタ書きのテキストなどの場合は、端末設定にかかわらずそのまま表示されるため注意が必要です。

　また、今回は日本語版のアプリを例としていますが、もちろん海外版のアプリでも同じことが起こり得ます。特に、時差が大きい国では、時刻だけでなく日付が変わってしまうこともあるかもしれません。タイムゾーンが日本のままでも時差を計算すれ

ば確認はできますが、より正しいテストをするために、可能な限り正しいタイムゾーンに設定して確認しましょう。

ここにも注目！

　時刻設定以外にも、スマートフォン端末の設定には気をつけましょう。

　例えば、「フォントサイズ」や「画面サイズ」の設定は、ゲーム内のお知らせ機能に影響する可能性があります。フォントサイズ設定を大きくしたら、お知らせ内容の文字も大きくなっちゃった、なんてことになるかもしれません。

　他にも、メーカー固有の設定や機能が影響することもあるので、テストの前に確認しておくと、事前のテスト準備や、バグの発見に役立ちます。

08 普通にプレイするだけで起きるバグ？

上司さん！ 人呼んで「凄腕バグハンター」の上司さん！

その呼び名は懐かしいですね。困りごとでもありましたか？

実は、アプリの新機能をひととおりテストしたのですが、
まだバグが残っているような気がして……

なるほど。そんなときは「意地悪テスト」です

意地悪？ どんなことをするんですか？

例えば、普通は1回しかタップしないようなボタンを、
こう、連打するとかですかね（タタタタタタ……!!）

目にも留まらぬ速さ……!!
連打でポップアップがいっぱい出てきちゃってますね

フフ、これはまだ初期段階ですよ……
では、他の意地悪テストもやってみましょうか

意地悪テストとは？

　その名のとおり、普通にプレイしていればしないような意地悪なことをわざとするテストです。「モンキーテスト」「アドホックテスト」とも呼ばれています。

　例で挙げている「普通は1回しかタップしないボタンを何度も連打する」は、定番ですね。例のように目にも留まらぬ速さではなくても、問題ありません。

　この「連打する」という操作に、どのような目的があるか考えてみましょう。例えば、アプリ内のプレゼントボックスで「受け取る」ボタンを連打したとき、適切な処理がされていない場合は、本当は1回しか受け取れないはずのプレゼントが、連打した回数分受け取れてしまうかもしれません。また、気が急いて「ガチャを回す」ボタンを連打したら、1回だけのつもりだったのに、連打した回数分、ゲーム内通貨を消費してしまうかもしれません。「連打する操作」には、このような「連打した回数分、処理が行われていないか」「エラーなどが発生しないか」の確認をするという目的があります。

実際にユーザーが何度も連打をするのかというと、十分起こり得るプレイでしょう。例えば、まだ画面上では「通信中」と表示されているにもかかわらず、無意識にボタンを連打してしまうことは日常的にあるかと思います。そのような状況が起こりやすいという意味でも、大事なテストだと考えられます。

他にどういう意地悪テストがある？

　連打をすること以外でどういうものがあるか、一例を記載します。これら以外に、開発者の観点で考えてみることや、過去に実際に発生していたバグなどからも、意地悪テストのアイディアが出てくるかもしれませんね。

表2-2　意地悪テストの例

操　作	確認内容
長時間操作	長い時間アプリを操作し続けることで、動作遅延やフリーズなどが発生しないか ※ どの程度耐久するかは、開発チームと事前に決めておくこと
同時押し	2つ以上のボタンを同時押ししたら、同時に処理が発生しないか
高速スクロール	上下左右に高速スクロールしたとき、表示崩れやフリーズなどが発生しないか

02 見つけたバグの 記録をつけよう

01 もう一度同じバグを捕まえられるかな？

「バグ報告書」を書こう

　見つけたバグを修正担当者に確認してもらうために、バグの情報をまとめて「バグ報告書」を書きましょう。バグ報告書は、会社によって「バグチケット」「欠陥レポート」などと呼ばれることもあります。

バグ報告書に何を書く？

　バグ報告書に書く内容は、バグ修正に必要な情報を漏れなく共有するため、あらかじめ開発チームなどと相談して決めておきましょう。バグの説明や確認手順など、どんなゲームかにかかわらず共通して書く内容もあれば、ゲーム独自に求められる内容もあります。その際に、「修正の優先度」「バグランク」などの基準についても認識合わせをしておきましょう。

　バグ報告書に書く内容が決まったら、誰が書いても必要な情報が含まれるように、テンプレート化しておくとよいでしょう。書き方の具体例は、本書 Stage 1 のバグ報告書も参考にしてみてください。

　なお、本書中のバグ報告書では省略していますが、テストを実施したスマートフォン端末の情報なども具体的に報告するようにしましょう。限定的な環境でしか再現しないバグもあるため、テスト環境をしっかり記載しておくと原因の特定や再現を行ううえで役に立ちます。

〈バグ報告書の構成の例〉

バグについての情報（バグの内容、期待される状態、優先度など）

項　目		内　容
概要		バグの概要を一文で記載する。 バグ管理システムへ登録するときのタイトルは、ひと目見ただけで概要が把握できるように簡潔にまとめる。また、登録済みのバグを検索するために、タイトルにもキーワードを含めるなどのルールを設定しておくとよい。
優先度		修正の優先度（高／中／低などで表す）。 優先度の基準は、事前に関係者と認識合わせをしておく。ゲーム会社によっては後述の「バグランク」に合わせて優先度を決めている会社もある。優先度はテストチームだけで判断するのは難しく、企画や開発担当者が判断することも多い。 ◆ 基準と対応の例 ・優先度 [高] … 優先的に修正する。 ・優先度 [中] … 修正する。 ・優先度 [低] … 修正するが優先度は低い。 　　　　　　　　　次期バージョン以降へ先送りする場合もある。
説明	バグ詳細	バグの詳細を簡潔に記載する。 [概要]で記載した内容がより詳細に伝わるよう、具体的な発生箇所や発生条件なども加えて説明する。
	確認手順	バグを確認するための手順を、箇条書きで記載する。 確認手順を参考に再現確認や修正確認を行うため、記載漏れに注意する。
	再現率	バグが発生する確率を記載する。 再現率を参考に優先度を検討することもある。また、修正確認時の試行回数目安となるため、バグ報告書を作成する際には、複数回試行し、その結果を記載する。 確実に発生する場合は「100％」、たまに発生する場合は [発生回数] を [確認回数] で割ることで大体の確率を求め、「○○％」と記載する。 ◆ 計算例：　5回試行して4回バグが発生した場合、5分の4→80％
	期待結果	本来期待される動作や表示などを簡潔に記載する。 バグ修正者はこの項目を参考にどのように修正するべきか検討するため、わかりやすく具体的に書く。
バグランク		バグの重大度や修正の重要度をランクづけしたもの（S／A／Bなどで表す）。 バグランク基準を事前に作成し、社内・プロジェクト内などで統一しておく。基準は「ユーザーへのインパクト」「影響範囲（画面や機能数）」「発生頻度」などによって決める。 ◆基準とバグ内容の例 ・バグランクS：ゲーム進行を妨げるバグ（進行不能など）、 　　　　　　　　法令に抵触するバグ、課金関連のバグ、 　　　　　　　　IP（作品やキャラクター）のイメージを低下させるバグ ・バグランクA：ゲームの進行に影響のない機能不全／性能不全バグ、 　　　　　　　　ゲームプレイに支障のないエラー処理のバグ ・バグランクB：ユーザーが容認できる些細なバグ（誤字、表示崩れ）、 　　　　　　　　発生条件などがレアケースのバグ

バグの切り分け（発生要因の特定）に役立つ情報

項　目		内　容
スマートフォン情報	種類	バグを検知したスマートフォンの種類 （iPhone／Android／両方）
	機種	バグを検知したスマートフォンの機種 （「iPhone 13」「Galaxy S22」など）
	OS Ver	バグを検知したスマートフォンのOSバージョン （「iOS 15.0.0」「Android 12.0.0」など）
ユーザーID		バグを検知したユーザーID（ゲームアカウントのID）
アプリバージョン		バグを検知したゲームアプリのバージョン
環境		バグを検知した環境（開発環境／テスト環境／本番環境など）
画像、動画		エビデンス（状況記録）となるバグ発生時の画像や動画

バグ管理システムに登録しよう

　テスト規模によってバグ報告書が何百、何千件もの膨大な数になることもあり、表計算ソフト（Excelなど）での管理には限界があります。こうした膨大な数のバグ報告書を管理しやすくするために、システムが用いられており、それらを総称して「バグ管理システム」または「BTS（バグトラッキングシステム）」などと呼んでいます。

　テストの前にプロジェクト関係者と「どのバグ管理システムを使うか」相談し、バグ報告書のテンプレートに合わせて設定をカスタマイズしておくとよいでしょう。

〈テスト会社で利用されている「バグ管理システム」の例〉
・Redmine
・JIRA
・Backlog　など

〈「バグ管理システム」導入のメリット〉
・バグ発生時の画像や動画を添付できるため、状況を伝えやすい
・どんなバグが何件残っているのか可視化できる
・最新のバグ修正状況を確認できる
・過去のバグが検索しやすい
・修正担当者とのやり取りを効率化できる

02 他のメンバーが見ても理解できるかな？

👻 バグ報告書はたくさんの人が読む

バグ報告書は、プロジェクトにかかわる多くの人が読むものですので、誰が読んでも内容が伝わりやすいように書くことが大事です。バグが見つかってから修正が完了するまでの流れをイメージしてみましょう。

〈バグ修正完了までのフローの例〉

テスト実施者A ：バグ発見、バグ報告書を作成
⇩
テストリーダー ：バグ報告書の内容確認、企画担当者へ報告
⇩
企画担当者 ：バグ報告書の内容確認、正しい仕様を開発担当者へ報告
⇩
開発担当者 ：バグ報告書の内容と、企画担当者からのコメントを確認
正しい仕様に合わせて修正し、テストチームに報告
⇩
テスト実施者B ：バグ報告書の内容を確認し修正されたことを確認
バグ修正完了

このように、バグ発見から修正完了までの間に、複数の人がバグ報告書を読み、それをもとに作業を行います。バグ報告はスピード感も大事ですが、書き方がわかりにくかったり曖昧だったりすると各担当者を悩ませることになり、結果として修正に時間がかかってしまいます。書き慣れないうちはテストリーダーに確認してもらったり、他のテスト実施者が書いたバグ報告書を参考にしてみたりするとよいでしょう。

🔑 バグ報告書を書くときのマナー

バグ報告書を書くときは、必要な情報がより伝わりやすくなるように、次の点を意識してみましょう。

・記入漏れやミスはないか

完成したバグ報告書を共有する前に、必要な情報が漏れなく記載されているか、誤った記載がないか、再度確認しましょう。

・用語は統一されているか

　画面や機能などの名前は、プロジェクト共通の用語（仕様書などに記載されているもの）で記載しましょう。また、バグ報告書の中で表記揺れがないように気をつけましょう。

・簡潔に書かれているか

　丁寧に説明しようとし過ぎて、文章が冗長になっていないでしょうか。場合によっては、箇条書きや表を用いるなど工夫してみましょう。

・具体的に書かれているか

　「何がどのような状態なのか」「どう修正してほしいのか」を具体的に書きましょう。具体的な情報が不足していると、読む側がさらに仕様書など別の書類や情報を確認しなければならず、手間が発生します。また、認識違いが発生してトラブルを招く原因にもなりやすいです。

表2-3　伝わりやすい書き方の例

伝わりにくい書き方の例	伝わりやすい書き方の例
【概要】カードが正しくない	【概要】カードのステータス値が「300」になっており、仕様と異なる
【期待値】カードが仕様どおりになること	【期待値】カードのステータス値が仕様どおり「500」であること

・1つのバグ報告書の中に複数のバグが書かれていないか

　1つのバグ報告書の中で、複数のバグをまとめて書こうとするのはやめましょう。同じ画面内で発生したバグでも修正担当者が異なることもありますし、発生原因や修正バージョンが異なる可能性もあります。

　複数のバグをまとめて報告しようとすると、報告内容も複雑になりがちです。もし複数のバグどうしの関連を示したい場合は、バグ報告自体は1件ずつとし、バグ管理システムの関連づけの機能を使ったり、バグ報告書内に「No. ○○のバグ報告書関連」と記載したりして対応します。

　ただし、例外的に、報告者や修正担当者の作業効率を考慮し、1つのバグ報告書にまとめて報告するほうがよい場合もあります。例えば、同じ内容の軽微なバグ（バナー画像の端が切れて表示されるなど）が複数検出された場合がこれにあたります。1つのバグ報告書にまとめるバグの数が多い場合は、表計算ソフト（Excel）などで複数のバグ情報を整理してバグ報告書に添付すると効率的です。もしまとめて報告するべきか迷うようなときは、経験豊富なテスト実施者や開発・修正側の担当者に相談してみるとよいでしょう。

📝 他のメンバーが作成したバグ報告書をチェックしよう

バグ報告書の作成に慣れてきたら、後輩や新人テスト実施者のバグ報告書をチェックする立場になることもあるでしょう。先述した「バグ報告書を書くときのマナー」を参考に、わかりやすい報告かという観点で確認します。時間がないときはチェック担当者が修正してもよいですが、可能であれば、作成者に改善ポイントをフィードバックし修正してもらったほうが今後のためになります。また、バグ報告書の出来のよしあしにかかわらず、チェックする側にとっても他のテスターが書いたバグ報告書から学べることは多いはずです。

📝 ここにも注目！

バグ報告書を作成する際は、できるだけバグ発生時の画像や動画を添付しましょう。文章だと回りくどく長文になってしまう内容も、実際の画面キャプチャだとひと目でほぼ伝わることもあります。報告書を作成する人にとっても、読む人にとっても、時間や手間を減らすことができます（もちろん、画像があるから文章ゼロで OK とはいきませんが、「○○部分の詳細は画像を参照」などとして長い説明を簡略化することは可能です）。

また、「正常な状態」と「バグ発生時の状態」を比較できるように画像を並べて添付する、ペイントソフトを用いて画像に説明を書き足すなど、ちょっとした工夫を加えることでより伝わりやすくなります。

バグではないけど、改修を提案してみる

　今まで紹介してきた事例のように、バグは「仕様どおりに動かない」「設定されたパラメーターが間違っている」など要件や仕様を満たさないことが明確なものです。「バグを見つける」→「報告する」→「修正する（される）」という流れが確立されており、テスト実施者がバグを見つけたら報告することが当然という認識になっているかと思います。

　一方、改善の提案についてはどうでしょうか。「こうしたほうがよくなると思うけど、仕様にないし、絶対修正しなければいけないものでもないし……」と、提案するかしないか、迷われることも多いと思われます。しかし、ユーザーがプレイすることを考えてみると、気づきをまとめて提案したほうがよいケースがあります。以下に代表的な例を説明します。

・ケース 1
UI（ユーザーインターフェース）の改善

　ユーザーが直感的に操作できるように、UI の改善を提案することがあります。

　例えば、選択肢が 3 つある箇所で、プルダウンメニューから選ぶ仕様になっていたとします。選択肢が 3 つと少なく、これから増えることが想定されない場合は、ボタンを 3 つ置いて、その中から選ぶ形に改善したほうがよいかもしれません。ひと目ですべての選択肢が一覧できますし、操作完了までにかかるステップ数も少ないからです。

　このようなメニューやボタン配置の変更、入力フォームの簡素化、アイコンやカラースキームの変更などを、ユーザー目線で操作感の改善につながる箇所に気づいたら提案してみましょう。「操作しやすくなった」などのレビューがもらえるとうれしいですね。

・ケース 2
エラーメッセージの改善

　ゲームのエラーメッセージをユーザーに伝わりやすくする提案です。ユーザー自らがエラーになりやすい状況を回避しやすくする効果が見込まれます。

　例えば、通信エラーによりゲームを中断する場合、「エラーが発生しました」とだけ表示されていたメッセージを「通信環境が不安定です。接続を確認してください」などと改善することで、ユーザーが自身の通信環境に問題がないか確認できるようになります。改善前のエラーメッセージの場合、エラーの原因が解消されにくくゲームの中断が頻発するうえ、ゲーム側だけの問題であると捉えられる可能性が高いため、ゲームプレイ自体を辞めてしまうことも考えられます。ユーザー離れを防ぐためにも大切なポイントです。

　このように改善の提案をする場合は、ゲームの開発状況や運営状況も考慮しましょう。例えば、新作ゲームのリリース直前に UI の改善提案を行っても、担当者はリリースに向けて忙しく、それどころではありませんよね。先輩や上司に相談しつつ、適切なタイミングや形式で改善提案にチャレンジしてみましょう。

ゲームテスト ≠ゲームプレイ

ゲームテストの種類を知ろう

01 ゲームプレイだけが テストじゃない

　Stage 1 ではさまざまなバグを見てきましたが、これらのバグはどのように見つけているのでしょう？　ゲームテストといえば「ひたすらゲームをプレイする」というイメージが強いかもしれませんが、漠然とプレイするだけでは効率よくバグを見つけることはできません。

　実際のテストは、具体的な手順や確認内容を記載したテストケースを用いて行います。経験や知識を頼りに行う「探索的テスト」という方法もあります。

　また、ゲームのテストではゲームアプリをプレイするだけでなく、ゲームに含まれるデータや、仕様書をテストすることもあります。データシートを確認したり、プログラムを書きはじめるより前に仕様書の誤りや不足を指摘したりすることも、テスト活動の一部です。

テストの実施方法

　経験や知識がない状態で漠然とゲームをプレイするだけでは、限定的な条件で発生するバグを見つけたり、さまざまなゲームの機能や条件を網羅的にテストしたりするのは難しいでしょう。そのために一般的なソフトウェアテストではテストケースを作成しますが、これはゲームテストでも同じです。

　テストケースとは、前提条件、確認手順、入力値、期待結果などをまとめたものです。ゲームの機能や画面単位ごとのテストすべき対象や条件、どんなバグを見つけるのか（テスト観点）を洗い出したのちに、テストの手順や確認内容を詳細化して細かい項目に落とし込みます。テストを実施したら、項目ごとに一つひとつ、テストで確認した結果を記録していきます。こうすることでテストする機能や条件を網羅できるようになり、また、どんなテストをしたのか、テストの結果を後から確認できるようになります。

　「探索的テスト」という、事前にテストケースを用意せずにテストを行う方法もあります。テストする対象や目的はある程度念頭に置く程度とし、テスト実施者の経験や知識によって、実際に操作して挙動を確認しつつ確認内容や手法を随時決めていくテスト方法です。テストケースがないといってもむやみにプレイするのではなく、ゲー

ム内で見つかっている他のバグの状況や、プログラムの知識、これまでの経験などから、バグが発生しそうな条件や手順を推測しながらテストを行います。ある程度テストの経験がないと、探索的テストで効果を出すことは難しいでしょう。また、実施したテストの条件や手順なども実施者自身で記録していく必要があります。

テストの対象

　ゲームを実際にプレイしながらのテスト以外にも、ゲームデータや仕様書といったものをテストすることがあります。

　仕様書のテストは「レビュー」ともいい、仕様書の内容について「考慮の漏れている仕様がないか」「既存の仕様と矛盾していないか」「曖昧な記載になっていないか」などを確認します。このような仕様書のレビューは、テストチームだけでなく、仕様書を作成するプランナーどうしや開発を担当するエンジニアによっても行われます。

　ゲームとして作り込む前に、データシート上でゲームデータをテストすることもあります。データ量が膨大な場合やゲームアプリ上では確認しづらい場合、データの目視、もしくは表計算ソフトなどを利用して確認します。例えば、仕様書で「火属性の単体物理強攻撃」と説明されているキャラクターのスキルをテストする場合、スキルデータの設定値について、「属性：火」「対象：敵単体」「威力：強」がそれぞれ正しく設定されているか確認します。

02 いろいろなゲームテスト

ネコ RPG の夏イベントのシステムテストで、音声関係の面白い
バグが見つかってさ〜

……そういうときって、何テストっていうんでしょうか？

何テスト？

イベントテストでもあり、システムテストでもあり、
アセット（音声）テストでもあり？

あんまり気にしたことないな〜。呼び方は、メンバーや関係者に
伝われば、なんでもいいんじゃない？

そうですね。でも、イベントテストやアセットテストと、
システムテストを一緒くたにするのは、ちょっといただけませんね

「イベントテスト」と「システムテスト」ですか？
んー、なんとなく違うのはわかる気がするんですけど、
説明するのは難しい……

01 テストレベルとテストタイプ

　「イベントテスト」「アセットテスト」「システムテスト」は、どれも「○○テスト」
と同じ形のことばですが、どこが異なるのでしょうか？ それぞれ異なるテストを指し
ていることはわかりますが、実は、テストレベルとテストタイプの 2 つの軸で分ける
ことができます。

　テストレベルは、テストが行われる段階や範囲を指し、テストタイプは、テストの
目的やアプローチを指します。テストレベルとテストタイプについて、詳しく見てみ
ましょう。

🔑 テストレベル

テストレベルは、ゲーム開発のある特定の段階（フェーズ）で行われるテストの範囲を示します。主なテストレベルは以下のとおりです。

コンポーネントテスト（ユニットテスト、モジュールテスト）

プログラムのうち、個別にテストできる最小のコンポーネント（部品や要素のこと）に対して実行するテストです。通常は関数、メソッドなどが対象となり、コンポーネントの機能やロジックの正確性を検証します。基本的にプログラムの内容を知っている開発担当者が自身で行います。

統合テスト（結合テスト）

複数のコンポーネントが連携して正しく動作するか確認するテストです。コンポーネントやシステム間の相互処理やインターフェースなどを主に確認します。統合テストも基本的には開発担当者が行います。

システムテスト

ソフトウェアシステム全体にかかわるテストです。ソフトウェアが要件に合致しているか、ユーザーの期待どおりの機能を提供しているかを確認します。開発チームから独立しているテストチームが、仕様書などを参照しながらテスト実施を行うことが多いです。

受入テスト

ソフトウェアが顧客（運用担当）または最終的なユーザーの要求を満たしているかを確認するために行うテストです。運用担当者やユーザーにより行われるものもあります。リリース前の最終段階として行われる、いわゆる「ベータテスト」も受入テストに含まれます。

🔑 テストタイプ

テストタイプは、テストの目的やアプローチを示すものです。例えば、前述の会話例での「イベントテスト」「アセットテスト」はテストの目的を示し、後述する「互換性テスト」「ユーザーテスト」などはテストのアプローチ方法を示しています。主なテストタイプの分類を以下に説明します。

機能テスト

機能テストは、ソフトウェアの各機能が正しく動作するか（ソフトウェアが何をするか）を検証します。ユーザーが期待どおりにソフトウェアを使用できるかどうかを確認するために行われます。

非機能テスト

システムの特性（機能以外の部分、ソフトウェアがどう振舞うか）を検証するテストです。具体的には使いやすさ（ユーザビリティ）、セキュリティ、パフォーマンスなどを確認します。

リグレッションテスト

バグの修正や、機能の追加または変更した場合、バグが正しく修正されていること、機能が正しく実装されていることに加えて、想定外の箇所に影響が発生していないか確認するテストです。変更があった部分のみでなく、関連する他の機能も含めてテストを実施します。

テストレベルとテストタイプはテストの両輪

テストレベルとテストタイプはそれぞれ異なる軸でテストを分類したもので、すべてのテストレベルにおいて、すべてのテストタイプを実行できます。そのため、新人ちゃんの例のように、ある特定のテストが 2 つ以上の「○○テスト」の名前で呼ばれることがあります。プロジェクトの要件や目標に応じて、適切なテストレベルとテストタイプを選択し、効果的なテスト戦略を立てましょう。

上記ではテストタイプについて大まかな分類を紹介していますが、上記以外にも細かく分類することができます。次節では、ゲームのテスト現場でよく登場する「○○テスト」を取り上げ、より詳しく見ていきます。

ゲームが正しく機能することをテストするためには、さまざまな「観点」が必要です。通常のゲームプレイで正しく動作することはもちろん、通信状態が悪いときやバッテリーが少ないときでも正しく動作すること、スマートフォンに正しくインストール、アップデートができることなども確認します。テストにおけるこれらの「観点」を広く「テスト観点」と呼びます。

機能が正しく動作し、バグがないかを確認する以外にも、「ローディングやレスポンスが短く軽快か」「操作性がよく理解しやすいか」「ゲームとして面白く感じられるか」といった観点も考慮してテストを行います（これらの「機能」以外の観点を、非機能観点といいます）。

02 正常系の動作テスト

最初から最後まで想定どおりにプレイできるか

正常系の動作テストとは、想定される操作をした場合に機能が正しく動作することを確認するものです。ゲーム全体で見れば「タイトル画面からエンディングまで正常にプレイできること」になりますが、通常はもっと細かい機能単位でテストを行います。

ここでは例として「4つのコマンドを選択して戦う1対1のバトル機能」の正常系テストを取り上げ、どのようなテスト対象やテスト観点があるかを見ていきましょう。

表3-1 バトル機能の正常系テストの例

テスト対象	テスト観点
プレイヤー	・コマンドを選択して行動を決定できること ・HPが0になるとゲームオーバーになること
たたかうコマンド	・バトルの相手（敵）を攻撃できること ・パラメータから計算されたダメージが与えられること
ぼうぎょコマンド	・防御中はダメージを軽減できること
まほうコマンド	・選択した魔法の効果が正しく機能すること
どうぐコマンド	・選択した道具の効果が正しく機能すること
敵	・あらかじめ決められた行動を行うこと ・HPが0になるとバトルが終了すること
行動順	・すばやさが高い順番に行動すること

基本的には仕様で定義されたとおりの動作になることを確認していけばよいので、仕様書が用意されていれば、どんなテストが必要なのかを考えるのは、それほど難しくありません。しかし、機能が複雑になっていくほど、テストが必要な機能やテスト観点は増えていきます。

上記の例では、「たたかうコマンド」のテスト観点として「パラメータから計算されたダメージが与えられること」とあります。単純にプレイヤーの攻撃力と敵の防御力の比較でダメージが決まる場合はこれでもよいですが、武器や敵などの属性により補正がかかる場合は、属性どうしの組合せについてもテストする必要が生じます。「まほう」や「どうぐ」の効果についても、それぞれ全種類のアイテムをテストします。

正常系のテストがクリアできていないと、後述する異常系のテストでバグが見つかったときに問題の切り分けがしづらくなります。そのため、一般的に正常系のテストから先に実行します。

03 異常系の動作テスト

👻 「行儀の悪い」プレイにも耐えられるか

　異常系の動作テストでは、正常系とは反対に、想定外の条件や操作が行われた場合の動作を確認します。通常は正常系以外の条件も想定してプログラムを作るため、想定済みの異常系テストを「準正常系テスト」と呼ぶこともあります。

　操作としては、仕様に即していない値や文字の入力、ボタンの連打など単純なものから、ゲームデータをセーブしている瞬間に電源を切るなど、いわゆる「裏ワザ」に近いような特殊な手順を踏むものまでさまざまです。

〈想定外の操作の例〉

● 入力系：　　（例）プレイヤー名を入力する際に、記号や絵文字などを入力する
　　想定外の値や文字の入力を行い、異常が起こらないかをテストします。
　　入力が許可されている値であれば入力内容が正常に表示されること、許可されていない値であれば、エラーメッセージなどが表示されることを確認します。

● 操作系：　　（例）メニューバーの複数のボタンを同時にタップする
　　連打や同時押しなど想定外の操作を行い、複数のメニューが同時に開いたり、同じ画面がいくつも同時に表示されたりしないかを確認します。

● 通信系：　　（例）アイテムを購入する瞬間に通信を遮断する
　　アプリゲームでは、アプリとゲームサーバーが通信を行うタイミングが存在します。端末を機内モードにしたり、Wi-Fiルーターを操作したりして通信を遮断し、ゲームに異常が起こらないか確認します。

📝 臨機応変にバグを見つける「探索的テスト」

　上記のように、よく知られている入力や操作のパターンからテストを事前に組み立てる方法もありますが、そのようにせず、その時々で想定外の挙動を引き起こせないか考えつつゲームを操作することで異常系テストを行う方法もあります。後者の方法を「探索的テスト」といいます。

　例えば、表3-2の「行動順」に着目して、すばやさを無視して行動できる方法がないか考えてみましょう。ゲームの仕様で、バトルの行動順に関係しそうなものがあれば、それらを洗い出してみます。下記はその一例です。

・「ぼうぎょコマンド」を使うと、攻撃より前に「ぼうぎょしている」メッセージが表示される

・使用すると必ず先に攻撃できる魔法がある

これらの操作を連続で行ってみたり、キャンセルしてみたりして、次の行動に影響が出ないかなどを確認します。このように、特定の操作の順番や、特定のまほうやどうぐの効果に着目してバグが発生しないか探していきます。事前のテストケースがない分、今まで検知されたバグやプログラムへの理解が必要となるため、基本的にはテスト実施の経験が豊富なメンバーが担当します。

表3-2 バトル機能の異常系テストの例

テスト対象	テスト観点
プレイヤー	・コマンドが選択できない状況にならないこと
たたかうコマンド	・与えるダメージが異常な値にならないこと
ぼうぎょコマンド	・受けるダメージが異常な値にならないこと
まほうコマンド	・習得していないまほうを使用できる状態になっていないこと
どうぐコマンド	・使用したどうぐの消費量が使用した量と異なっていないこと
敵	・HPが0になっていなくてもバトルが終了しないこと
行動順	・すばやさの値に関係なく行動できないこと

04 アップデートテスト

👻 アップデート前後で、不具合は発生していないか

　スマホゲームには「運営型」といわれる、主にイベント施策を通してユーザーが課金することで利益を立てるタイプのゲームが多くあります。このような運営型ゲームでは、機能の追加などのためにアプリをアップデートしていく必要があります。

　アップデートにかかわるテスト全般を「アップデートテスト」と呼びます。具体的には、「正しくアップデートが行われるか」「アップデートによって機能やデータが追加されるか」「アップデート時のユーザーの状況によって異常が起きないか」などをテストします。

🔍 アプリバージョンのアップデート

　新機能の追加など、アプリのプログラムを追加、更新するときには、アプリバージョンのアップデートを行います。各 OS の端末で正しくアプリをインストール／アップデートできることや、既存のユーザーが新しいバージョンのアプリで正常にプレイできることを確認します。

　アプリバージョンのアップデートでは、機能が追加されてアプリの容量が大きくなることで、各プラットフォームでの配信ができなくなったり、インストールが失敗したりする可能性があります。また、ユーザーデータ構造の変更を伴うアップデート内容であれば、アップデート後にログインできなくなるなどの不具合が発生することもあります。アップデートのテストでは、こうした影響の予測が肝心です。

　また、アップデートで追加や変更を行っていない箇所にもかかわらず、いざプレイしてみると、アップデート前と変わってしまうことがあります。そのため、意図していない箇所まで変更されていないか、全体がアップデート前と変わらずに動作するかについてもテストを実施する必要があります。このようなテストをリグレッションテストと呼びます。

　アップデートテストは、開発環境で実施する以外にも、ゲームの「メンテナンス」という形でサービスを一定時間停止して本番環境で行う場合もあります。アップデートのたびに本番環境でテストするのは運営上難しいため、サーバーアップデートなど、他の大きい変更があるときに併せて行うことが多いです。

ゲームデータ（アセット）のアップデート

　ゲームアプリのイベントや新規キャラクターなど、ゲームデータを追加する必要があるとき、どのようにユーザーの端末にダウンロードさせているでしょうか。前述したようなアプリのアップデートをイメージされる方が多いと思いますが、アプリのアップデートですべてのデータをアプリに入れ込むわけではありません。アセットなどのゲームデータは、ゲーム起動後にダウンロードすることでアプリに追加されます。これらのデータが正しく追加、更新されていることを確認するのが、ゲームデータのアップデートテストです。

　ゲームデータのアップデートテストでは「ゲームデータが正しくダウンロードされていること」「ダウンロードされるデータの容量が想定どおりであること」「追加されたすべてのゲームデータがゲーム内に反映されていること」などを確認します。

05 イベントテスト

🎃 イベントを正常にプレイできるか

運営型ゲームでは、定期的に「イベント」を開催しています。イベントのたびに、イベント専用のシナリオやステージ、キャラクター、アイテムなどが追加され、それぞれについてテストを行う必要があります。ここではイベントの開催にかかわるテスト全般を「イベントテスト」とし、そのテスト対象や、注意すべきポイントを説明します。

🔍 テスト対象と確認観点

イベントテストでは、アセット（画像、ボイスなどの素材データ）やキャラクターのパラメータなどのマスターデータをテスト対象とします。テスト対象とテスト観点の具体例を**表 3-3** に示します。

クライアントやサーバーのプログラムは、アップデートテストで品質を担保されていることを前提とするため、ここではテスト対象外としています。例えば、新規のキャラクターが新機能を前提としたスキルを持っている場合は、前述のアップデートテストを行い、その過程内で確認します。

表3-3 イベントテストのテスト対象とテスト観点の例

テスト対象	テスト観点
追加シナリオ	・画像、ボイスが仕様どおりであること ・誤字・脱字や文字の見切れが起こっていないこと
追加ステージ	・報酬が仕様どおりであること ・ステージや敵の配置が仕様どおりであること
新規キャラクター	・パラメータが仕様どおりであること ・スキルや技が仕様どおりであること ・画像・3Dモデル・ボイスが仕様どおりであること
期間限定 ログインボーナス	・開催期間が仕様どおりであること ・アイテム設定が仕様どおりであること
限定ガチャの追加	・開催期間が仕様どおりであること ・排出アイテムや排出率の設定が仕様どおりであること
商品の追加	・説明テキストの内容が仕様どおりであること ・アイテムの設定が仕様どおりであること ・金額が仕様どおりであること

🔍 要 check ① 開催期間

　ゲームのイベントは、開催期間が決まっています。楽しみにしていたイベントの開始時刻を待ったり、終了時刻ギリギリまでイベントをプレイしたりといった経験がある方も多いのではないでしょうか。イベントテストでは、「いつから開催されるのか」「いつまでアイテムを獲得できるのか」「いつまでイベント限定アイテムを使えるのか」など、イベントを遊ぶことができる期間を確認することがとても重要です。

　「開始時間にイベントが始まらない」「終了時間より早く終わる」などのバグを探すため、予定時間の前後でテストを行います。具体的な確認内容を**表 3-4** に示します。

表3-4 イベント開催期間のテスト観点とその詳細

テスト観点	テスト観点の詳細
イベント開始時間	・開始予定時刻の直前までイベントが開催されないこと、かつ、開始時刻ちょうどからイベントが開催されること 例）昼の12時からイベントが始まる場合、以下の時刻の状態を確認する 　- 11：59：59　イベントをプレイできない 　- 12：00：00　イベントをプレイできる
イベント終了時間	・終了時刻の直前までイベントが開催されていること、かつ、終了時刻直後ではイベントが終了していること 例）昼の12時にイベントが終わる場合、以下の時刻の状態を確認する 　- 11：59：59　イベントをプレイできる 　- 12：00：00　イベントをプレイできない

🔍 要 check ② 新規キャラクター

　新規キャラクターは、イベントにつきものといってもよいでしょう。イベント報酬やイベントガチャなどの形で追加されます。キャラクターはゲームの世界観を形作る要素であり、キャラクター目当てで課金される方も多いため、障害を発生させないよう特に注意が必要です。**表 3-5** の確認観点を中心にテストを実施します。

表3-5 新規キャラクターのテスト観点とその詳細

テスト観点	テスト観点の詳細
パラメータ	・レアリティや属性が仕様どおりであること ・パラメータの数値が仕様どおりであること ・所持しているスキルが仕様どおりであること ・スキルの効果が仕様どおりであること
キャラクター情報	・キャラクターの名称が仕様どおりであること ・キャラクターボイスの名称（キャラクターの声優名）が仕様どおりであること
3Dモデル	・3Dモデルを動かした際に、衣装の乱れや貫通が発生しないこと ・ボイス（セリフの内容）が仕様どおりであること

06 アセットテスト

👻 画像や音声などの素材は仕様どおりか

　ゲーム開発においては、画像、音声、音楽、文字列、シナリオ、3D モデル、各種パラメータなどの構成要素や素材を総称して「アセット（asset：資産、資源）」といいます。

　例えば、キャラクターカードを編成してバトルを行うカード RPG の場合、以下のようなアセットデータが考えられます。

- ・画像：　カード、カード内のキャラクター、3Dモデルなど
- ・音声：　キャラクターボイス、SE、BGMなど
- ・文字列：セリフ、シナリオ、キャラクター説明、イベント説明など

　長年サービスが続いているゲームほど、データ量も多くなり、キャラクターごとのアセットが数百点、アセットの組合せとなると数千パターンに上るようなゲームもあります。ゲームの世界観を表現するための素材にあたりますので、過去のバグ事例やテスト観点に注意して、障害につながらないようにテストを実施しましょう。

　本項では、アセットテストで見つけておきたいバグの例を「画像」「モデリング」「音声／音楽」「文字列」についてそれぞれ記します。

👻 「画像データ」のバグ

・差替えミス（データの設定ミス）によるバグ

　特に新規開発のゲームでは、画像データの差替えにおいて漏れや間違いが発生しがちです。キャラクター、武器、道具などの画像は、開発と並行して作成されることが多いため、テストの段階では正式な画像の代わりにサンプルデータで動作を確認します。開発の終盤、正式な画像ができ上がってから差替えを行うのですが、その際に差替えが漏れて一部がサンプル画像のままだったり、データを間違えて想定と異なる画像が表示されたりすることがあります。

【バグ事例】Stage 1-13（P.40）
【テスト観点】画像設定、ファイル更新、参照ファイル名

・表示位置・方向のバグ

　新規のキャラクターを追加する際に発生しやすいバグです。画像自体は正常でも、表示位置や方向のパラメータを間違えてしまうと、キャラクターが逆立ちした状態で表示されたり、手足や装備品がキャラクターの胴体と離れた場所に配置されたりといったバグにつながります。

新規開発のゲームだけではなく、すでに運用中のゲームでも、イベントなど、短期間で大量のデータを追加するシチュエーションで発生しやすいバグです。また、違和感をおぼえたら、仕様だけでなく、過去のバグや原作との差異も忘れずチェックしましょう。そのゲームに長くかかわっているリーダーや同僚がいれば、相談してみるのもよいでしょう。

【バグ事例】Stage 1-05（P.24）

【テスト観点】 画像パラメータ設定（位置・表示方向・移動方向）

・レイヤーのバグ

近年のゲームにおいては、一枚の絵ではなく、複数のレイヤー（階層）を重ね合わせて画面を作ることが一般的になっています。「背景」「キャラクター」「服装」などをそれぞれ別々のレイヤーで描き、画面上に表示する際に重ね合わせることで、背景はそのままでキャラクター画像だけを動かしたり、服装を変更したりする形です。

背景やエフェクトなどをさまざまなキャラクターに対して共有でき、一枚絵で構成するよりも少ない枚数で多くのパターンに対応できます。また、新規キャラクターや新技、アイテムなどにも対応しやすくなります。さらに、レイヤーを分けることで、隊列などを立体的に表現できます。

表3-6 に、キャラクターとエフェクトのレイヤーの組合せパターンを記します。さまざまなパターンに対応できるのは大きなメリットですが、一方、組合せが複雑になるとミスが起きやすくなりますので、誤った運用になっていないかテストで確認しましょう。

表3-6 レイヤーの組合せ例

		エフェクトのレイヤー		
		火 花	水 柱	電 撃
キャラクターのレイヤー	ミケネコ	火花ミケ	水柱ミケ	電撃ミケ
	サバネコ	火花サバ	水柱サバ	電撃サバ

また、レイヤーを重ねる順番を間違えてしまうと、キャラクターが背景に埋もれてしまったり、エフェクトがほとんど見えなくなったりしてしまいます。グラフィックは世界観の表現に密接に関連する部分のため、特に注意してテストを行いましょう。

【バグ事例】Stage 1-07（P.28）

【テスト観点】画像パラメータ設定（レイヤー位置）

👻 「モデリング」のバグ

・コリジョン判定バグ（貫通）

　コリジョンとは「衝突」のことで、キャラクターや衣装、オブジェクトどうしが本来なら衝突すべきところで衝突せず、互いに通り抜けてしまうバグです。コリジョン判定のミスは、新規開発ゲーム、運用中のゲームの両方で発生する可能性があります。

　キャラクターの身長や体格を考慮せずに他のキャラクターと同じ座標で設定してしまうと、小道具が腰に埋まって見えなくなる、衣装から地肌がはみ出すといったことが起こり得ます。また、戦闘で技を使うときなど、想定外の動きをすると、キャラクターが武器や衣装をすり抜けることがあります。いずれも物理的にあり得ないことで、世界観を損ないますが、ゲーム進行自体に及ぼす影響は小さいため、コリジョンが軽微な場合はそのままリリースされることも少なからずあります。

　もちろん、ゲームの進行に大きく影響するような場合は、リリースの前に修正対応を行います。例えば、「ストーリーの重要な場面で武器がキャラクターに貫通している」「マップ上の障害物を通り抜けられる」などがこれにあたります。

　ゲームエンジンによってキャラクターと衣装のコリジョンを回避する仕組みが備わっている場合もありますので、テスト観点として考慮するかは、ゲームにより異なります。テスト対象のゲームの開発環境・ツールをあらかじめ把握しておくとよいでしょう。

【バグ事例】Stage 1-37（P.88）

【テスト観点】地形オブジェクトのコリジョン設定、
　　　　　　　　アイテム設計（サイズ）、
　　　　　　　　アイテムの表示設定（位置・表示方向・移動方向・回転方向）

・テクスチャー（貼りつけ画像）のバグ

　ポリゴン（多角形の3次元データ）に貼りつけるテクスチャー画像を間違えてしまい、仕様と異なるものが表示されるバグです。3次元データは物体の形（ポリゴン）と表面（テクスチャー）を別々に指定するため、このようなバグが起こります。例えば、衣装の柄が仕様と違ったり、衣装の一部の画像が抜け落ちてツギハギのように見えたりする場合があります。

　原因は上述の画像の設定ミスだけでなく、ゲームエンジン自体の不具合で、キャラクターとフィールドのテクスチャーが入れ替わってしまったこともありました。フィールド上に想定外の画像が表示されていないか見過ごさないように気をつけましょう。

【テスト観点】画像ファイル名、テクスチャー管理テーブル、画像キャッシュ管理

・シェーダー（陰影処理）のバグ

　テクスチャーへのシェーダー（3次元CGの陰影処理のこと）がされていない状態や不適切な状態を指します。「影くらいで大げさな」と思うかもしれませんが、物の質感や曲面をそれらしく見せるにあたって重要な要素です。例えば、盾がただののっぺりした鉄板や木の板にしか見えなかったり、オーブなどの球形のアイテムが角張った石のように見えたりして、お粗末な見た目になり、世界観を損ねてしまいます。

　なお、シェーディングの細かさはハードウェアの性能によりますので、おかしいと思ったときは、テスト端末の性能を併せて確認することをおすすめします。

【テスト観点】陰影設定、光源の位置・角度、屈折率

👻 「音声データ（音楽、ボイス、効果音など）」のバグ

・ファイル設定ミスによるバグ

　画像の差替え同様、音声データがサンプルデータのままである、仕様と異なる音声データが設定されているといったバグです。

　例えば、BGMであれば、それぞれの場面に合ったものが制作されているため、データの設定を間違えると制作者の意図と異なって伝わってしまい、ゲームの世界観やクオリティーに影響します。また、キャラクターのボイスであれば、ボイスの内容がストーリー中のセリフと異なっていたり、文字内容としては同じでも抑揚などがシチュエーションと異なったりすると、世界観や没入感が崩れてしまいます。

【テスト観点】音声設定、音声ファイル名

・歪み・ノイズ

　音声データ自体のバグです。データの編集処理時に発生するもので、コンバート（変換）装置やアプリ、ケーブルなどの通信機材の不具合などが原因となります。

　必殺技の決めゼリフにノイズが入っていると興醒めですし、ストーリー上の重要なセリフがノイズで聞き取れないとなれば、ゲーム進行自体ができなくなることもあり得ます。

　音声ファイルの納品時に受入テストとして一つひとつのファイルを確認しておくと、バグの混入原因や発生箇所が特定しやすくなります。

【テスト観点】セリフの聞き取りやすさ・速度、音声の途中に雑音がないこと、
　　　　　　　音声ファイルの開始部分・終了部分にノイズ（プツ音）がないこと

・音量の大小

　音声データ自体のバグで、データの編集処理時の、コンバート装置やアプリの設定ミスが原因で発生します。

意外と見落としがちですが、音量やそのバランスもゲームを構成する重要な要素です。場面によって BGM の音量が異なったり、キャラクターによってセリフの音量が異なったりすると、プレイヤーが音量調節に困るというのもありますが、重要なセリフを聞き逃してしまう可能性もあります。キャラクターの性格にも密接にかかわるので、元気なキャラクターがボソボソ喋ったり、大人しいキャラクターが大声だったりすると、世界観を損ねてしまいます。

【テスト観点】シーンやキャラクターによって音量レベルに著しい差がないこと、
　　　　　　　イベント動画など他の画面との音量差

👻 「テキストデータ」のバグ

・チェック漏れによるバグ

　誤字・脱字などの混入は、タイプミスや文章の流用、修正ミスなどが原因で起こります。作成時に完璧にするのは難しく、多少の混入は仕方ない部分ではありますが、多くはその後のチェックによって取り除かれます。ただし、レビューの体制やプロセスなどによりバグを発見できないこともあります。

　対策としては、作成者本人によるセルフチェックだけでなく、できれば他者によるクロスチェックを行うと、文章作成時のミスに気づきやすくなります。また、ツールを活用することも検討しましょう。校正ツールを使って誤字・脱字、衍字（余分な字）を取り除いたり、差分チェックツールを使って文章の流用元と流用先を比較したりして、ある程度機械的に確認することができます。

　誤字・脱字とひと言でいっても、「てにをは」のような軽微な誤りから、キャラクターや装備の性能にかかわる誤り、イベント期間、価格、ガチャの確率など重要な誤りまで、さまざまな種類があります。重要度に応じてテストの方法を変更し、効率的なテストを目指しましょう。

【テスト観点】固有名詞（キャラクター名・アイテム名・技名など）、
　　　　　　　誤字・脱字・衍字

・口調や一人称のバグ

　キャラクターのセリフや一人称が、年齢や時代設定、性格、キャラクターどうしの関係性などにそぐわないというバグです。原作やキャラクター設定について詳細に取り決めておかなかったことが原因で発生します。

　また、「少年期／青年期」など、同一キャラクターに対して複数の年齢が設定されているゲームも多く、場面に応じてキャラクターの口調や一人称を変える必要があります。時間の経過や親密度に応じてキャラクターどうしの関係性が変わるゲームでは、呼び方やセリフの砕け具合などが変わってきます。

このようにゲーム内でキャラクター設定に変化があるものでは、ゲームの世界観や没入感にも配慮し、特に注意してテストを進めるようにしてください。設定情報はパラメータなどで管理されていることが多く、関連するパラメータを把握しておくことをおすすめします。

【テスト観点】キャラクター設定（性格・関係性）、時系列、過去イベントの関連性、
　　　　　　　原作の世界観の再現性

・外国語の表現に関するバグ

　海外へのローカライズ（翻訳）を行う際、外国語での言語表現において誤りや不自然な言い回しがされるというバグです。機械翻訳を用いてローカライズを行い、ネイティブによる十分なチェックが行われなかったことが原因で発生します。

　AIの導入により機械翻訳も進歩していますが、まったく違和感をおぼえない仕上がりといえるレベルではありません。コスト面で許されるならば、翻訳自体をネイティブや翻訳者にお願いできるとベストですが、それが難しい場合でも、機械翻訳を行ったセリフをネイティブの方にチェックしてもらうようにすると安心です。

【テスト観点】想定ユーザー（対象言語ネイティブ）

07 互換性テスト

👾 プレイ環境によって差が生じていないか

スマホゲームにおいて、互換性テストとは、OS やスマートフォン端末、通信回線などのプレイ環境にかかわらず、ゲームを正常にプレイできることを確認するテストです。「互換性確認」「コンパチビリティテスト（Compatibility Testing）」とも呼ばれます。

互換性テストについては、これまでの内容でも断片的に触れられていますが、改めて整理してみましょう。

👾 ハードウェアの互換性

スマホゲームでは、ハードウェア、すなわちスマートフォン端末の機種にかかわらず正常に動作することの確認が欠かせません。複数の機種で動作確認することを「多機種テスト」「多端末テスト」と呼び、テスト専門会社などがサービスとして提供していることもあります。

判断が難しいポイントは、「何種類の機種／どの機種でテストすれば、互換性を保証できるのか」ということです。50 機種で十分なのか、100 機種以上テストしなければならないのか。海外にも配信するゲームの場合、日本では市販されていない現地の機種もテストする必要があるのか。細かい部分まで対応しようとすると、非現実的な規模のテストになってしまいます。

互換性テストの対象とする機種や数を選ぶときは、使用シェア率の高いスマートフォンから選定していきます。ここで注意すべきは「販売シェア率」ではなく「使用シェア率」である点です。直近の何か月かの販売状況と実際の使用状況は必ずしもリンクするわけではありませんので、使用のシェア率を確認するように注意しましょう。ただし、有名メーカーや人気機種の新作など、現時点では使用シェア率がそれほど高くなくてもすぐにシェアを伸ばすことが予想される場合は、テスト対象に含めたほうがよいでしょう。

👾 OS の互換性

OS の種類（iOS、Android）だけではなく、バージョンについても考慮する必要があります。「どの程度古いバージョンまでカバーするか」が問題になってきます。

新規開発を始める際にゲームが動作する OS バージョンを決めますが、開発期間が長期化したり、長い間サービスを運用したりすると、開発開始当初とは OS バージョ

ンの状況も変わってきます。新規開発の場合は、リリース日程が確定した段階で、改めて対象 OS バージョンを見直すのがベストな形です。OS バージョンごとの使用シェア率を基準に見直しを行います。長期運用の場合は、最新機種の中から売れ筋になりそうなものを絞り込んでテストを実施するのが一般的です。

👾 通信環境の互換性

端末や OS に比べてイメージしにくいかもしれませんが、通信環境にも互換性テストがあります。

スマホゲームの通信環境は大きく「携帯回線」と「Wi-Fi」に分けられ、どちらでも正常にゲームがプレイできることを確認します。

携帯回線の場合、通信規格の世代ごと（4G、5G など）の確認を行います。さらに、通信キャリア（電気通信事業者、いわゆる携帯会社）についても確認を行いますが、キャリアごとにすべてテストを行うのは非効率的なので、以下のようにグループ分けして実施することが多いです。

・標準的な携帯回線：docomo、au、Softbankなど

・MVNO回線（いわゆる格安SIM）：OCNモバイル、UQ mobile、Y!mobileなど

Wi-Fi の場合は、「IPv4」「IPv6」の両方の環境を用意してそれぞれテストすることをおすすめします。IPv4 と IPv6 ではデータの転送方法が異なり、IPv6 ではデータが混み合うことが少ないため、通信速度が IPv4 より速くなります。どちらか一方のテストしか行わない場合、ローディング時間の長さやプレイの感触など、通信速度にかかわるバグを検出できない可能性があります。

08 ユーザーテスト

👻 ユーザー目線でどう感じるか

　実際にユーザーがゲームをプレイして評価する形式のテストを総称して「ユーザーテスト」といいます。ゲーム情報サイトや SNS で「クローズドβテスト（CBT）」の参加者募集を見かけたことがある方もいるのではないでしょうか。これもユーザーテストの一つです。

　家電製品や Web サービスなどの開発においても、主に「使いやすさ」の確認を目的としてユーザーテストが行われています。このような「使いやすさ（ユーザビリティ）」を確認するテストは「ユーザビリティテスト」と呼ばれており、業界によっては「ユーザーテスト＝ユーザビリティテスト」として扱われます。

　スマホゲームのユーザーテストでは「使いやすさ（遊びやすさ）」に加えて、さらに以下のことも確認します。ユーザビリティテストは、あくまで数あるユーザーテストのうちの一種として扱われています。

- ・面白さ
- ・原作の世界観を表現できているか
- ・継続してプレイしたいか
- ・課金してみたいか

　一般的なテストには正解（期待値）があり、テスターが誰であってもテスト結果の合否は変わりません。一方、ユーザーテストは、人によって「遊びやすい」「面白い」の感覚が異なるので、評価するユーザーによってテスト結果が変わってきます。そのため、複数のユーザーに同じテストを行ってもらい、評価の平均点や意見傾向を分析するという形でテストを進めます。参加者数はテストの目的によってさまざまで、小規模のテストで 5 名程度、大規模のテストでは数千名ものユーザーが参加することもあります。

🔑 ユーザーテストの目的とメリット

　ユーザーテストの目的は、リリース前のゲームやデザイン資料（キャラクターの設定資料やアプリ画面のイメージ）を第三者に見てもらうことで、問題点や課題を洗い出すことです。仕様や遊び方を熟知している開発チームやテストチームのメンバーにとっては「遊びやすい」ゲームでも、初めて見るユーザーからは「遊びにくい」という意見が出てくることもあります。また、ゲーム制作に携わったメンバーの意見には「ゲームが売れてほしい、売れるはずだ」というバイアスがかかり、ネガティブな意見が出にくい傾向があります。ユーザーテストを実施して率直な意見を募ることで、

問題点や課題が可視化しやすくなります。

　スマホゲームの「基本無料」でプレイできるビジネスモデルは、たくさんのユーザーに長く遊んでもらうことで成り立っています。第三者の客観的な意見をもらいながら開発を進めることで、長くユーザーに楽しんでもらえるゲームのリリースを目指すことができます。

ユーザーテストの手法と調べられること

　ユーザーテストには**表3-7**のような手法があり、調べられることもそれぞれ異なります。目的や調べたい内容に合わせて、適切な手法を選択することが大切です。

表3-7 ユーザーテストの手法

テスト手法	概　　要	調べられることの例
アンケート	テスト対象についてアンケートを実施する。最も一般的な手法	総合的な定量評価、機能別の定量評価
デプスインタビュー	1対1の面談形式でインタビューを行い、各行動の理由などを深く掘り下げる	ターゲットユーザーの潜在的なニーズ
A/Bテスト	特定の要素を変更した2つのパターンを用意し、どちらが好ましいか選択させる	デザインなどの比較
行動観察	ユーザーがプレイしている様子を観察する	ユーザーがつまずく場面
アイトラッキング	専用の機材を使用し、視線の場所や動きを解析する	ユーザーがプレイしているときに見ている場所

ユーザーテストの タイミングと目的

ユーザーテストは、リリース前のゲームをユーザーが実際にプレイし、改善点のフィードバックをもらえるという点で、ゲームをよりよくするうえでとても有効なテストです。ただし、ゲームの開発段階を考慮せず、目的を明確にしないままフィードバックを得ようとすると、その効果をうまく発揮できません。

例えば、ゲームの企画段階や設計検討段階では、操作ボタンやキャラクター、画像などが完成しておらず、仮のデザインになっていることが多いです。この段階でユーザーテストを実施してしまうと、「遊び方がよくわからない」「デザインが魅力的でない」など、開発途中ならではの当たり前のフィードバックがほとんどになります。ゲームを理解してもらうだけの材料がそろっていない段階では、ユーザーテストが成立しません。

また、ゲーム開発の終盤でのみユーザーテストを行うこともおすすめしません。開発終盤に最終的な確認をしたいという背景があると思われますが、フィードバックの内容は操作方法（UI／UX）の改善からグラフィックの表現、ゲームバランスなど多岐にわたります。これらのすべてを改善するためには時間を要し、予定していた開発期間よりも延長せざる得ない状況になるかもしれません。開発・制作の関係者だけでなく、プロモーション部門などを巻き込んだ大がかりな調整が必要になります。

ユーザーテストを取り入れたいと考えている場合は、ゲーム開発のどの段階で、どのようなフィードバックを得たいかを事前に計画して実施するようにしましょう。その際は、1回のテストであらゆる分野について確認するのではなく、目的に応じて数回に分けて行うのがおすすめです。例えば「○○の開発まで終わった段階で実施し、ゲームサイクル改善のためのフィードバックを得る」「○○まで終わった段階で実施し、操作方法改善のためのフィードバックを得る」など、段階的に目的ごとのフィードバックを得るようにすると、ゲーム開発にユーザーテストを活かしやすいです。

テストって
どうやって作るの?

テストのプロセスを知ろう

01 「何を」「どう」テストする？

 ゲームテストって、ただプレイする以外にもこんなに種類があったんですね。

 そうそう、プレイしながらバグを見つけるのも一つの方法ではあるけど、対象や目的によって必要なテストはそれぞれ違うからね

 テストを実施するときは、テストケースや条件がもう決まっているので、あまり気にしていませんでした

 たしかにね……
でも、「ゲームができたからテストして」だと、ざっくり過ぎて何から手をつけていいかわからないでしょう？

 困っちゃいますね

 だから、テストの目的を明確にして、「何を」「どう」テストすべきかを具体的に決めていくことが必要になるってわけ。これもテストエンジニアの仕事なんだよ

 ふぇー、難しそうですけど……、私もできるようになりますかね？

 大丈夫、大丈夫！ 私も作ってるし！ 一緒にやり方を見てみようか。流れを知っておくと、実施するテストへの理解も深まるよ！

 よろしくお願いします！！

テストにかかわるプロセス

　ゲームや会社組織の環境によって多少異なりますが、テストにかかわる活動はおおむね**図 4-1** の内容に沿って行われます。

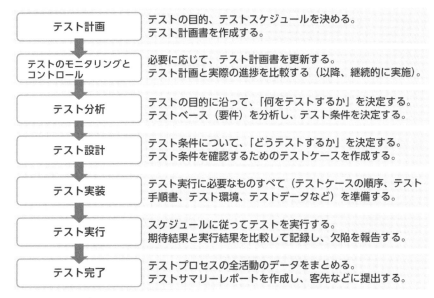

テスト計画	テストの目的、テストスケジュールを決める。 テスト計画書を作成する。
テストのモニタリングとコントロール	必要に応じて、テスト計画書を更新する。 テスト計画と実際の進捗を比較する（以降、継続的に実施）。
テスト分析	テストの目的に沿って、「何をテストするか」を決定する。 テストベース（要件）を分析し、テスト条件を決定する。
テスト設計	テスト条件について、「どうテストするか」を決定する。 テスト条件を確認するためのテストケースを作成する。
テスト実装	テスト実行に必要なものすべて（テストケースの順序、テスト手順書、テスト環境、テストデータなど）を準備する。
テスト実行	スケジュールに従ってテストを実行する。 期待結果と実行結果を比較して記録し、欠陥を報告する。
テスト完了	テストプロセスの全活動のデータをまとめる。 テストサマリーレポートを作成し、客先などに提出する。

図4-1　テストプロセスの主な活動

　テストには「テストを通して何を保証したいか」という目的（テスト計画）があります。その目的を達成するために、具体的に「何を」「どう」テストしていくかを決め、実際にテストを行い、結果をまとめるまでがテストのプロセスです。

　本書の Stage1 〜 Stage3 では、テスト結果やテストの方法など、テストプロセスの「テスト実行」に関係する内容について解説してきました。実際のキャリアとしても、テスト業務に就いてからしばらくはテスト実行を担当するケースが多いです。他のプロセスはテスト実行のための段取りですので、テスト実行を経験することでテストプロセス全体への理解を深めることができるためです。

　慣れてきたら徐々に、テスト分析やテスト設計も担当できるようになるでしょう。本章では、テスト分析とテスト設計について簡潔に説明し、テスト設計で使用するテスト技法についても解説します。効率よくバグ検知できるテストとはどんなものか考えつつ、テスト分析とテスト設計の流れについて見ていきましょう。

👻 テスト実行には用意が要る！

　テストを実行するときは、テスト仕様書や手順書があらかじめ用意されていることがほとんどです。テスト仕様書や手順書には「テスト条件」「テストケース」などが記載されていて、それらをもとにテストを実施します。それらを作る段階が、図 4-1 のプロセスにある「テスト分析」「テスト設計」です。このようなプロセスを通して、テスト条件やテストケースなどの成果物をドキュメントにまとめることで、テストの方針や内容の共有、効率的な実施を可能にしています。

🔎 何をテストする？

　テスト分析は、テストの目的を確認し、目的を達成するために「何を」テストするのかを決める活動です。具体的には、テストベース（テスト対象の仕様や要件、実装したプログラムなど）を分析し、「テストすべき機能かどうか」「何がどうなることをテストすべきか」などを決めていきます。また、テストベースを分析する過程で、仕様の不明点や考慮漏れを整理することもあります。

　図 4-1 ではテスト設計の前段階として示されていますが、実際は並行して進められることも多いです。分析の結果として、テストで「何がどうなること」を確認するか決めます。これを「テスト条件」と言います。

🔎 どうテストする？

　テスト分析で決めたテスト条件をもとに、「どう」テストするか決める活動が「テスト設計」です。テスト条件を確認するために何を切り口として具体的にどうしたらよいかを決め、テストを実行できるように、テストケースの形に落とし込みます。

　テストケースを作成するにあたっては、「テスト技法」を使って具体化していきます。具体化の方法やテスト技法の詳細については、次節以降で解説します。

02 どれから考える？ テスト設計の手順

01 テスト観点を決める

「テスト観点」って、テストの切り口のようなものって聞いたんですけど……

そう、そう

例えばどういうものがあるんでしょうか？

うーん、例えば、ユーザー登録をするときに、ユーザー名を入力するテストがあるとするでしょう？ どんなことができると思う？

ユーザー名だから……、漢字でしょう、ひらがな、カタカナでしょう、あと、英数字が入力できるといいと思います！
あっ、でもゲームによっては英数字だけってのもありますね……？

いいね！「英数字のみ」っていうのは、機能が制限されているということだから、「英数字が入力できる」けど「漢字が入力できない」とかが、観点になるよ

そう考えると，観点っていっぱいありそうですね。私、よいテストができるのか、自信がなくなってきました……

まー、いっぱいあるからこそ「テスト観点を決める」んだよ。一緒にやってみようか！

ありがとうございますー!!

テスト設計の最初のステップは、テスト観点を決めることです。「テスト観点」は広い意味で使われるため、組織や人によって指す内容が異なることもありますが、本書では「テストの目的を達成するために確認すべき、テスト対象の切り口（視点）」として解説します。テスト対象（ゲームの機能）に対してどのようなテストを行っていくかという方向性を決めるものです。さまざまな観点がある中でテストで押さえるべき観点を選び出すことから、テスト観点を決めることを「テスト観点を抽出する」とも言います。

　テスト観点は、そのテストによって何を確認したいかというテスト目的によって異なります。例えば「システムが正しく動作することを確認したい」というテスト目的に対しては「それぞれの機能が正しく動作すること」などのテスト観点が、「ユーザビリティの高いシステムであることを確認したい」というテスト目的に対しては「ユーザーにとって見やすい表示になっていること」「システムがユーザーのストレスにつながらないレスポンスをすること」などのテスト観点が挙げられます。

　テスト観点の考慮が漏れると、その観点を用いたテストが丸ごと欠けるため、テストの網羅性が下がってしまいます。また、似たような意味を持つ観点が複数あると、似たようなテストを複数回繰り返すことになり、余計なテスト工数がかかってしまいます。

　上記のように過不足が発生することを防ぐために、多くの場合、フォーマットやシステム化された枠組みを活用してテスト観点抽出を行います。自力で考えて観点を洗い出した場合でも、改めてフォーマットなどを用いて過不足がないかチェックしてみることをおすすめします。

　特に、運用型のゲームにおいては、過去に類似のイベントやガチャなどをリリースしていることも多く、テスト観点も類似したものになる傾向があるため、テスト観点の標準化が可能な場合があります。テスト観点を標準化しておくと、テスト実施者の能力や経験に依存する部分が小さくなるため、経験が浅くても一定以上のクオリティでテストできます。その反面、類似のイベントといっても少々の差異はあるため、細かいテスト観点が漏れやすく、注意が必要です。

　他にも、昔ながらの方法ではありますが、スマートフォンを用いて、テスト用の環境でひたすらゲームをプレイするといったこともあります。実際にユーザー目線でプレイしてみると、非機能面（特にユーザビリティ）でのテスト観点において新たな気づきを得ることも多いためです。

02 テスト技法を適用する

　テスト観点を抽出した後は、テスト技法を適用します。各技法の具体的な内容は次節で紹介しますが、むやみやたらにどんな技法を適用しても構わないというわけではありません。テスト設計の段階で、どのテストにどのテスト技法を適用できるかを見極めることが必要です。

　では、どのようにして、テストに合ったテスト技法を見つけることができるのでしょうか。テスト技法の選定は、以下に挙げるようなさまざまな要素を複合的に考慮して行います。

〈テスト技法を選定する際の検討要素〉
・テスト対象の構造
・テストレベル
・テスト担当者のスキル
・予想されるバグの種類　など

　また、テスト技法を選ぶ段階で、並行して、テストの前提条件やテストで用いる具体的な値を決定します。前提条件の例としては「AndroidOS のスマートフォンでプレイする」「サーバーの設定を 20XX 年 X 月 X 日にして操作する」などがあります。

　テストで用いる値については、例えば「成年／未成年の場合の、それぞれの動作を確認したい」という目的に応じて、後述する境界値分析というテスト技法を選ぶことで、「年齢入力で 18 歳を選択する」「年齢入力で 17 歳を選択する」というテスト値が導かれます。

03 テストケースを作成する

　最終工程は、テストケースの作成です。**表4-1**に例を示しますが、テストケースは、対象とするシステムの動作を確認する際のチェックリストをまとめた形で示されます。「確認したい箇所」と「確認する際の手順」で構成され、確認したい箇所は大項目／中項目／小項目といった、いくつかの階層に分けることが一般的です。階層を分けることで、テスト実施の際にどこをテストすべきかがわかりやすくなります。

　大中小の階層が決まったら、それぞれの階層ごとにテスト手順を作成します。誰でも同じようにテストを実施できるようにするため、手順は詳細に記載する必要があります。また、テスト技法を選定する際に定義したテスト条件があれば、それらを具体的に記載しておきます。

　テスト手順を作成できたら、期待結果を記載します。テスト実施者は、期待結果と実際のゲームの挙動を見比べて、バグかどうかを判断します。一意に読み取れる表現で、わかりやすい表現となるように意識して作成しましょう。

　例えば「○○が正しく表示される」といった表現をよく見かけます。テストケース作成者にとっては当たり前でも、実施者にとっては何がどう表示されていれば正しいと言えるのか、はっきりとは認識していないこともあります。その結果、意図した確認ができず、最悪の場合は障害につながります。

　そのため、テストケースはできるだけ具体的に記載しましょう。例えば、キャラクター画面の確認なら「○○（キャラクター名）が表示されている」「キャラクター名が○○として表示されている」「一定時間ごとにまばたきを行う」「背景として○○（ステージ名）が表示されている」など、何がどうなるのかを明確にするとよいでしょう。文章だけでは伝わりにくい場合、参考画像を添付するとわかりやすくなります。

表4-1　テストケースの例

No.	大項目	中項目	小項目	観点	前提条件	確認手順	期待結果
1	ユーザー登録画面	ユーザー属性入力	氏名	画面表示	サーバーの時間をリリース日以降に設定すること	1.ユーザー登録画面を開く 2.画面の一番上の入力欄を確認する	氏名入力フォームが表示されている
2				動作	-	3.フォームに任意の氏名を入力する	氏名を入力できる
3			年齢	画面表示	-	4.氏名の入力欄の下を確認する	年齢入力フォームが表示されている
4				動作	-	5.17歳と入力する	入力が正しく行われる
5							未成年同意の文章が表示される
6				動作	-	6.18歳と入力する	入力が正しく行われる
7							未成年同意の文章が表示されない
8		完了ボタン	-	画面表示	すべての情報が入力されていること	7.画面下部を確認する	完了ボタンが表示されている
9				動作	-	8.完了ボタンを押下する	ページが遷移する

03 テスト設計にも技法あり！

01 同値分割法・境界値分析

テスト設計にあたってはさまざまなテスト技法が使用されており、同値分割法と境界値分析は、中でもよく使用されるものの一つです。

入力値をグループに分けて考える

同値分割法では、ソフトウェアの挙動によって入力値をグループに分けて考えます。同じ挙動になる入力値を同じグループとし、これらの各グループを「同値クラス」と呼びます。各同値クラスから代表的な入力値を選択し、1つの同値クラスに対してその1つの入力値のみでテストを行います。無作為にさまざまなデータを用いてテストするよりも費用対効果を得やすく、効率的に絞り込むことができます。

例えば、ゲームの中で主人公に名前をつける機能があるとします。名前は1～7文字まで入力することができ、未入力や8文字以上で決定しようとすると、「入力文字数が不適切です」というエラーメッセージを表示します。このとき、名前の文字数を入力値として、「1～7文字」が名前入力に対して有効な範囲で、「0もしくは8文字以上」が無効な範囲となります。

さて、この機能をテストしてみましょう。何文字を入力してテストを行いますか？0文字の場合、1文字の場合、2文字の場合……というように、一文字ずつテストが必要でしょうか？

表 4-2 名前入力の仕様例と同値クラス

仕様	・名前入力は1～7文字 ・未入力、8文字以上はエラーメッセージを表示する
有効な同値クラス	・1～7文字
無効な同値クラス	・0文字 ・8文字以上

実際にはゲームの実装の仕方によって変わる部分もありますが、ここでは**表 4-2**のように整理してみます。

「有効な同値クラス」「無効な同値クラス」からそれぞれ1つずつ入力値を選択して、合計2ケースのテストを行う形です。例えば、次のようなテストです。

〈同値分割法による名前入力のテスト設計〉
・「あいうえ」と入力して、名前が決定できること（有効な同値クラス、4文字）
・「あいうえおかきくけこ」と入力して、エラーメッセージが表示されること
　（無効な同値クラス、10文字）

境界の値を考える

境界値分析は、同値分割法と併せて使用されることが多いテスト技法です。その名のとおり、同値クラスの「境界となる値」やその近くの値に注目してテストを行います。

前述の名前入力の例では「1〜7文字」でしたが、これと同様に、入力値などのデータは文字数やデータ量の範囲が仕様で決まっています。また、それぞれの箇所によって、「○○以上」「○○以下」「○○未満」など、範囲の指定方法が異なることも多いです。そのため、仕様の誤認やヒューマンエラーによる単純ミスが起きやすく、境界値を漏れなくテストする必要があります。

前述の名前入力の仕様について、境界値分析を用いてテストを設計してみましょう。境界値分析を行う際は、**図 4-2**のように線を引いてみると、境界値を抽出するうえで漏れが少なくなります。ここでは、黒い丸を有効な同値クラス、白い丸を無効な同値

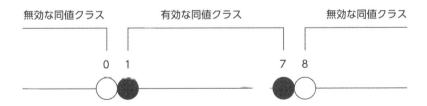

図4-2 名前入力の境界値分析

クラスとしています。

文字数「0」「1」「7」「8」を境界値として、合計4ケースのテストを行う形で、テストを設計することができます。

ただし、状況によっては境界値の前後の値もテストする必要が生じます。今回の例でいうと、エラーとなる境界値の「8文字」に加えて、その隣の「9文字」もテスト

の対象とします。これは、境界部分のプログラムが「入力する文字数 = 8」のときにエラーとしている可能性を確認するためです（正しくは「入力する文字数 ≧ 8」のときをエラーとする必要があります）。

〈境界値分析による名前入力のテスト設計〉
・未入力で決定して、エラーメッセージが表示されること（0文字）
・「あ」と入力して、名前が決定できること（1文字）
・「あいうえおかき」と入力して、名前が決定できること（7文字）
・「あいうえおかきく」と入力して、エラーメッセージが表示されること（8文字）
・「あいうえおかきくけ」と入力して、エラーメッセージが表示されること（9文字）

　このように同値分割法および境界値分析を活用することで、やみくもにテストするよりも効果的に必要なテストを絞り込むことができます。ゲーム開発のあらゆる開発フェーズで適用できる一方で、プログラムの記述方法によっては適用できないこともあるため、技法を適用するか、またどこまで絞り込むかは開発担当者との認識合わせが必要となる点に注意しましょう。

02 デシジョンテーブルテスト

入力値の組合せを表形式にまとめて考える

「デシジョンテーブル（決定表）」と呼ばれる表を用いるテスト技法です。デシジョンテーブルは、複数の条件（入力値）に対する、プログラムの挙動（出力結果）を表形式で整理したものです。複数の条件やその組合せによって出力結果が変わってくる箇所においてすべてのケースをテストしたい場合に有効で、**図4-3**のように要素を配置した表形式で作成します。

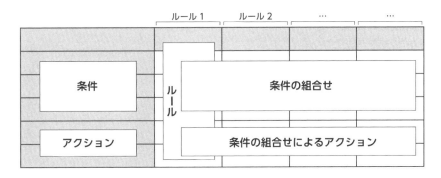

図4-3 デシジョンテーブルの表記方法

「条件」には、入力するデータなど、アクションを決定するために必要な内容、「アクション」には、条件またはその組合せが実行されたときに起こり得る結果を記入します。

各条件に対して、その条件を満たす／満たさないを記入して、1つのルールを作成します。各条件の組合せを整理して一覧化できるので、起こり得るすべての組合せについて漏らさずテストすることができます。

以下の仕様例に沿って、デシジョンテーブルを作成してみましょう。

〈隠しキャラクターXが仲間になる仕様〉
以下の条件を満たした状態でシナリオ第15話をクリアする。
・シナリオ第3話の会話中、選択肢A／Bが示される場面で、Bを選択する
・シナリオ第15話のバトルにおいて、味方キャラクターが一度も気絶することなく終了する
・シナリオ第15話クリア時点で、ヒロインの信頼度が100以上である

まずは、仕様から条件となる要素を洗い出します。「第3話で選択肢Bを選ぶ」「第15話で味方が気絶しない」「第15話クリア時点のヒロインの信頼度100以上」という3つの条件があります。それぞれの条件につき、その条件がYesの場合とNoの場合（頭文字をとってY／Nなどと示す）が考えられるので、条件が3つのときの組合せは2×2×2＝8パターンです。

アクションについては、今回の例では「隠しキャラクターが仲間になる」のみです。これらをもとに作成したデシジョンテーブルを**表4-3**に示します。

表4-3　デシジョンテーブルの例

ルール		1	2	3	4	5	6	7	8
条件	選択肢Bを選ぶ	Y	Y	Y	Y	N	N	N	N
	気絶しない	Y	Y	N	N	Y	Y	N	N
	信頼度100以上	Y	N	Y	N	Y	N	Y	N
アクション	仲間になる	○	-	-	-	-	-	-	-

各条件の組合せを「ルール」として番号を振っていますが、このデシジョンテーブルをもとにテストを実施する場合は、このルールをそのままテストケースとして考えることができます。例えばルール1は、以下のテストケースとなります。

表4-4　ルール1のテストケース例

事前条件	確認手順	期待結果
・選択肢Bを選ぶ ・気絶しない ・信頼度100以上	・シナリオ第15話をクリアする	・隠しキャラクターが仲間になる

このように、条件の組合せパターンを洗い出し、テストケースとすることで、複数の条件の組合せによって振舞いが変わってくるような仕様について、漏れのないテストを設計することができます。

03 状態遷移テスト

遷移のパターンを図や表に整理して考える

ゲームでは、一般のソフトウェアよりも特に、画面や状態がさまざまに遷移（変化）します。そのような遷移を引き起こすトリガーとなる入力などを「イベント」と呼び、そのイベントに対してゲームの状態が想定されたとおりに遷移するかを確認するテストを、「状態遷移テスト」といいます。状態遷移テストでは、イベントと状態の組合せを図や表にまとめた「状態遷移図」「状態遷移表」をもとにテストを設計します。仕様の整理や遷移のパターンを洗い出すことにおいて効果的なテスト技法です。

以下の仕様例について、状態遷移図や状態遷移表を作成してみましょう。

〈戦闘の仕様〉
・戦闘を開始すると、コマンド待機状態になる
・コマンド待機状態では、「戦う」「防御」「逃げる」のコマンドが入力できる
・「戦う」コマンドを入力すると、攻撃状態になる
・攻撃が完了すると、コマンド待機状態に戻る
・「防御」コマンドを入力すると、防御状態になる
・防御状態になって3秒経過すると、コマンド待機状態に戻る
・「逃げる」コマンドを入力すると、逃げる状態になる
・逃げる状態になって3秒経過すると、戦闘から離脱する

上記の仕様から、イベントには「戦う」「防御」「逃げる」「攻撃完了」「3秒経過」、状態には「コマンド待機状態」「攻撃状態」「防御状態」「逃げる状態」があることがわかります。これをもとに状態遷移図を作成してみると、**図4-4**のようになります。

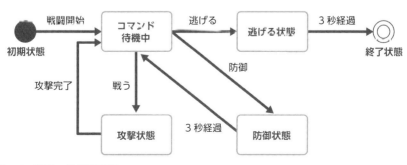

図4-4　戦闘の状態遷移図

また、行に「状態」、列に「イベント」を取り、状態遷移表を作成してみます（**表4-5**）。状態とイベントが交わるところには「その状態のときにイベントが発生したら、どの状態に遷移するか」を記入します。例えば、状態「コマンド待機状態」とイベント「戦う」の交わるところには、「攻撃状態」が入ります。起こり得ない組合せに対しては「-」などを記入します。

表4-5　戦闘の状態遷移表

事前条件	戦う	防御	逃げる	攻撃完了	3秒経過
コマンド待機状態	攻撃状態	防御状態	逃げる状態	-	-
攻撃状態	-	-	-	コマンド待機状態	-
防御状態	-	-	-	-	コマンド待機状態
逃げる状態	-	-	-	-	終了状態

　状態遷移図は、状態とイベントの関係性だけでなく、全体的な流れも可視化されるので、実際の挙動をイメージしながら確認できます。また、状態遷移表は、状態とイベントのすべての組合せについて整理するため、「起こり得ない組合せ」についても洗い出すことができ、仕様の考慮漏れを検知することに役立つというメリットがあります。

04 ペアワイズテスト

2つの入力値の組合せを少なくとも1回ずつテストする

ペアワイズテストは、2つの因子の値（入力値や設定値など）の組合せに着目してテストケースを作成するテスト技法です。すべてにおいてあらゆるパターンをテストすると非常に時間と手間がかかってしまうため、ポイントを絞って効率よくテストを進めるための技法です。

特に長期にわたって運用されているゲームでは、アップデートで新しく追加した機能が既存の機能に影響しないかの確認が必要ですが、一つひとつ過去の機能を振り返って新規機能と組み合わせてテストし直すのは容易ではありません。そのような場合に、一定の網羅性を担保しつつテスト項目を絞り込むということが、ペアワイズテストの大きなメリットです。

以下の例を見てみましょう。

〈敵キャラクターの仕様〉
・敵キャラクターには設定値「属性」「武器種」「種族」があり、それらによって戦闘における有利／不利が決まる
・属性は「地」「水」「火」「風」の4種類がある
・武器種は「剣」「ハンマー」「弓」の3種類がある
・種族は「獣」「植物」「悪魔」「機械」「霊体」の5種類がある

このとき、「属性」「武器種」「種族」を因子と呼びます。また、「地」「水」「火」「風」などの設定値を水準と呼びます。これらの因子と水準について、起こり得るすべての組合せでテストしようとすると、4種類×3種類×5種類＝60パターンのテストが必要になります。

ペアワイズテストでは、任意の2つの水準の組合せについて最低1回のテストが行われるように設計します。表4-6は、上記の仕様についての組合せパターンを抽出したものです。

起こり得るすべての組合せを網羅すると60パターンものテストが必要ですが、ペアワイズテストの考え方を使えば20パターンまで絞り込むことができます。ペアワイズテストの組合せの作り方ですが、手動では手間がかかるうえ、正しく抽出できているかの確認が必要になるため、専用のツールなどを活用しましょう。

表4-6　敵キャラクターへの有利／不利を確認する組合せの例

No	属性	武器種	種族
1	火	剣	霊体
2	水	剣	植物
3	火	ハンマー	機械
4	水	弓	機械
5	地	弓	霊体
6	火	弓	獣
7	風	ハンマー	霊体
8	風	剣	悪魔
9	風	弓	植物
10	水	ハンマー	悪魔
11	水	剣	獣
12	地	弓	悪魔
13	風	ハンマー	獣
14	火	ハンマー	植物
15	風	剣	機械
16	地	ハンマー	獣
17	水	剣	霊体
18	地	剣	機械
19	地	剣	植物
20	火	剣	悪魔

因子水準表

　ペアワイズテストでは、因子と水準を適切に抽出することが重要です。**表 4-7** のように因子水準表にまとめると抽出した内容に過不足がないかひと目でわかりやすく、以降の設計やレビューがスムーズになります。

表4-7　敵キャラクターへの有利／不利についての因子水準表

因　子	水準1	水準2	水準3	水準4	水準5
属　性	地	水	火	風	
武器種	斬	打	突		
種　族	獣	植物	悪魔	機械	霊体

目的から報告まで
テストの流れをつかもう!

01 テスト目的を再確認しよう！

バグ報告書もテスト仕様書も作れるようになったし、これで私も一人前ですね！

そうね、テストの基本はひととおり学べたかな。でも、まだまだ学んでもらうことはいっぱいあるよ〜〜!!!

テストエンジニアとしてのベテラン仕事だけでなく、先輩のようなリーダー業務もいずれは学んでいただきたいですね

あわわ、先はまだまだ長いです……

大丈夫！ すぐに覚えなきゃいけないってことじゃないし、少しずつでいいからね

やさしい……先輩は天使ですか……!?

ただ、ベテランエンジニアやリーダーがどんな仕事をしているか、なんとなくでも把握しておくだけでチームとして動きやすくなることもあるよ。復習も兼ねて説明していくね！

がんばりますっ！

それじゃビシバシ行くよ!!

（やっぱり鬼かも……）

01 テストの計画を立てよう

テストに取りかかる前に、**何（テスト対象）をどのように（方針、アプローチ）どれくらい（範囲、粒度）**テストするかによってテストの規模（項目数、工数）を算出し、また、**いつまでに（期間、期限）**実施するかによってスケジュール（タスクの組立て）を考えます。これを「テスト計画」といいます。テスト計画においては、テストでバグが出た際の修正対応、テスト終了後のリリース準備の検討期間などの考慮が必要なため、テストチームだけでなく、開発チームも含めた全体で認識をすり合わせます。具体的には下記の内容について検討します。

テストの対象、期間

まず、テストを行う対象（機能やイベント）を明確にします。1つのリリースに「どの機能が入って、どの機能は入らないのか」が、全体の作業量に大きく影響するため、計画の中で一番重要な内容といえます。

テスト期間については、計画の段階で精確に見積もることは難しいです。テスト仕様書の分量や、バグがどれくらい見つかるか、テストの準備（実装）にどれくらいかかるかは、テストプロセスが進んでみないと、なかなかわかりにくいものです。ですが、なんとなくでもよいので、ゆとり分を含めて期間の見積もりをしておきましょう。過去に類似の機能やイベントがあれば、実際にどれくらいの時間がかかったかを参考にするのも一つの方法です。

テストの環境

下記のことに注目しつつ、ゲームが正常に動作することを保証するハードウェア環境、ソフトウェア環境を決めます。特に、たくさんの機器を使用するテスト（→詳細はP.146参照）を行う場合は、機器の準備にかかる時間も考慮する必要があります。

・対応機器
（iPhone 14、iPhone SE（第3世代）、Google Pixel 7など、具体的な機種名）
・OSバージョン（Androidバージョン9.0以上、など）
・ブラウザ（Google Chrome、Safari、Firefoxなど）

テストの方法、範囲

あらゆる観点でテストを行うことができればベストですが、商用に耐える規模のゲームやシステムにおいて、すべてを網羅するテストは難しいです。そこで、効率よく効果を最大にできる方法を探してテストを行います。Stage 4（→ P.151 ～）で紹介したテスト技法を用いる他にも、開発側とプログラムの内容や確認範囲について話し合うことで、効率よくテストを進められることがあります。テストの範囲を決めることで、テストの対象外になる部分も決まるため、テスト実施にかかる工数が減ったり、重点的に確認したい部分のテストに集中できたりします。

表5-1 テストの方法、範囲の効率的な調整例

テスト対象	本来行う実施内容	調整のポイント	調整後の実施内容
ストーリーパートでのシナリオの表示	すべての文章について確認する	〈実装内容〉マスタを参照する形でプログラムが作られている	内容の確認をマスタ上で行うことで、スマートフォン端末では表示崩れなどの確認に集中できる
特定の画面でのエラーダイアログの挙動	エラーの種類（401エラー、501エラーなど）ごとに挙動を確認する	〈確認範囲の割り振り〉エラーダイアログのメッセージ内容は開発側で確認する	テスト実施側は、スマートフォン端末特有の確認事項（ダイアログ自体の挙動、表示崩れなど）に集中できる

02 テスト計画をみんなで遂行しよう

　決定したテスト計画は、テストチームはもちろん、開発チームにも共有されます。テストの予定期間や、予定したテストが計画どおりに進んでいるかの認識を関係者が共有することによって、問題が発生した場合のフィードバックがスムーズになったり、仕様変更があった場合の再テスト期間の見積もりがしやすくなるというメリットがあります。テスト計画の共有だけでなく、日々の仕事内容や進捗状況も互いに見えるような形で記録していくとさらによいでしょう。

進捗共有は自分のため、みんなのために！

　いざテストが始まると、多くの場合、朝礼・夕礼や進捗管理ツールなどを使って、各自の進捗状況の報告・共有を行います。

　進捗状況は、もし作業が予定よりも遅れていたとしても、進捗を事実のまま報告しましょう。進捗状況の共有を行う目的は、遅れていることを責めることではなく、現状や遅れの原因を把握し、メンバーの作業量が適切になるように割り振りをし直すなどの対策をとることです。そもそもテストの手順が想定していたものと異なっていたり、時間が見積もりを大幅にオーバーするなどの場合は、テストの期間自体を見直す必要が生じます。

　反対に、計画よりも進捗が早いこともあります。その場合も、遅れている場合同様、進捗を共有し、相談しましょう。進捗が遅れている作業に助けに入ることも可能ですし、リリースまでにさらに機能を追加できるようになるかもしれません。

　テストはチームで行うものです。自分の作業が全体の進捗にどのように影響しているのかを意識し、気になることがあれば、まわりの人に報告したり相談したりして積極的に情報共有していきましょう。

02 テストの準備をしよう！

01 テストに必要なものを確認しよう

テスト対象機器

テスト対象の機器（スマートフォン端末）は、最低でも機種ごとに1台ずつ必要です（できればテスト実施者全員に行き渡る台数があるとよいです）。メインでテストを行う機器は購入することになりますが、多端末テスト（スペックやメーカーが異なるスマートフォンを複数そろえてひととおりの動作を確認するテスト）をする場合は別のプロジェクトやレンタル業者から借りることもあります。プロジェクト専用の機器がない場合は特に、いつ機器が用意できるのか、その機器でのテストがいつ開始するのかを確認して、テスト計画の中に含めるようにしましょう。

テスト仕様書

テスト仕様書は、ゲームが要件定義書どおりに実装され、また機能するかをテストするためのポイント（観点、確認項目、手順）をまとめたものです。テスト観点一覧やテストケースも、テスト仕様書の一部分といえます。テスト実行にあたっては、テストケースとテスト手順を参照し、「何を」「どのような手順で行い」「どのような結果になるか」を確認します。

テストは実行したら終わりではありません。テスト実行が完了したら、実行したという証跡を残す成果物として、実行結果をテスト仕様書にまとめます。

〈テスト仕様書に記載されている内容の一例〉
・テストに必要な環境（ハードウェア、ソフトウェア、設定、端末など）
・テスト実行内容（テスト観点、テストケースなど）
・テスト手順
・テスト実行結果（実施日、担当者、バグ報告書の管理番号など）

ゲームのプレイ状況を作り出す？

ゲームテストでは、「特定のユーザーレベルで解放される機能」や「イベントをクリアするともらえる報酬」など、特定の条件を満たす場合の結果を確認するものがあります。これらを確認するために、イチからプレイしてレベルを上げたり、イベントをクリアしたりするのは、時間と手間がかかり過ぎて、コストが見合いません。そこで、次に示すような方法を用いて、テストを行うためのプレイ状況を準備します。

デバッグ機能の活用

プログラムを一時停止・動作させたり、プログラム上でやり取りされるデータの内容を好きなものに書き換えたりできる機能やソフトウェアのことです。本来はバグの原因を探して取り除くための機能ですが、ゲームテストでは、特定のアイテムやキャラクターをテスト用のユーザーに付与したり、特定のイベントやクエストをクリア済みの状態に変更したりできるツールとして広範囲に使用されます。「デバッグツール（デバッガ）」「付与ツール」「管理ツール」などと呼ばれることもあります。

一般的なソフトウェアテストと異なり、デバッグ機能はゲームやテストの内容に合わせて独自に作ることが多いです。デバッグ機能を使って実現したい内容によって、ツールを作る難易度が異なります。ゲームにもよりますが、以下に一例を示します。

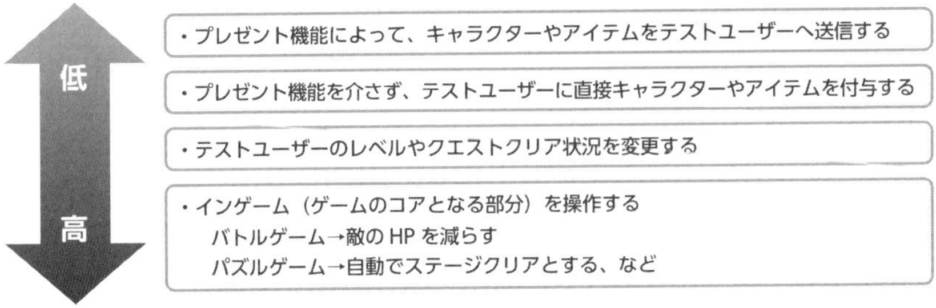

低

- ・プレゼント機能によって、キャラクターやアイテムをテストユーザーへ送信する
- ・プレゼント機能を介さず、テストユーザーに直接キャラクターやアイテムを付与する
- ・テストユーザーのレベルやクエストクリア状況を変更する
- ・インゲーム（ゲームのコアとなる部分）を操作する
  バトルゲーム→敵のHPを減らす
  パズルゲーム→自動でステージクリアとする、など

高

図5-1 デバッグ機能の開発難易度の例

デバッグ機能の開発は開発チームに依頼しますが、難易度が高く時間がかかるものを準備してもらうとなると、負荷が大きくなり、本筋であるゲームの開発スケジュールにも影響してしまいます。そのため、「最低限でもこの機能は必要」「できればこの機能がほしい」など、デバッグ機能の開発を依頼する前に優先度を決めておくようにしましょう。

データベースの書換え

　データベースにはゲームに関するさまざまなデータが集約されています。テスト実施者がデータベースの構造を理解している場合は、デバッグ機能の代わりに、直接データベースの中身を変更してテストを行うこともあります。例えば、ユーザーに紐づくデータ（クエストのクリア状況、所有キャラクターなど）や、キャラクターの設定にかかわるデータ（キャラクター名、スキルなど）などをテストに必要な値に変更します。ただし、デバッグ機能と違って一時的な変更ではありませんので、場合によってはデータを元の値に戻したり、テスト用のデータを別に作成したりする必要が生じます。

　また、データベースの中身を書き換えてテストを実行する場合は、データベースにアクセスできるように、事前にアクセス権限の設定を忘れないようにしましょう。

データ設定者への環境構築依頼

　デバッグ機能もデータベースも用意できない場合、テストの都度、課金アイテムの付与や、クエストクリア状況の変更などをデータ設定者に依頼する必要があります。依頼の際は、設定に必要な情報（ユーザー ID、キャラクター ID など）をあらかじめ確認しておきましょう。コミュニケーション上のミスを防ぐためにも、事前に必要な情報のテンプレートを作成しておくとスムーズです。

ゲーム以外のアカウント

　テストの目的や内容によっては、テスト対象のゲームのアカウント以外のものが必要になります。例えば、課金を行うためのアカウント（Google Play、App Store）、SNS 投稿用のアカウント（Instagram、Twitter など）、機種変更用の連携 SNS アカウント（Facebook、LINE など）が挙げられます。

　これらのアカウントは、開発環境で課金ができるようにするなど、特殊な設定が必要になることがあります。別途、テスト用アカウントの作成担当者に依頼となるため、設定も含めて、必要なアカウント数を事前に洗い出しておきましょう。

03 テストを実施しよう！

01 テスト実施前のチェックポイント

　いよいよテスト実施。何から始めればいいかわからず「とりあえずテスト仕様書を読んで、上から進めよう」と思う方も多いかもしれません。それでもテスト実施は可能ではありますが、しかし、あまり効率的ではないテストになることもあります。効率的なテストのために、テスト実施前に確認しておきたいポイントを紹介します。

👻 さあ、いよいよテスト実施だ！ でも、その前に？

　大前提として、「そもそもテスト対象が動作しているか」ということを確認しておく必要があります。例えば、イベントのテストで、テスト対象のイベントはバトル機能とガチャ機能があるとしましょう。テスト仕様書の手順どおりにイベントバトルのテストを先に終えて、イベントガチャのテストを行おうとしところ、バグが発生していてガチャがまったく回せない状態であることが発覚したらどうでしょうか。開発側でバグの修正が完了するまで他にテストするものがなく、待ち時間が発生してしまいます。また、ユーザーレベルやクエスト進捗状況などがイベントの参加条件となっているテストで、手順に沿って、実際にプレイしてイベントの参加条件を満たしたのに、イベントが開催されておらず参加できなかったらどうでしょうか。テストはもう一度初めからやり直しとなってしまいます。

　テスト仕様書の手順やテスト内容を確認するのは、もちろん大切なことですが、上記のような空き時間や手戻りをなくすため、テスト対象全体に影響しそうなものは事前に動作確認を行っておきましょう。

〈事前に確認しておきたいことの例〉
・テスト対象の機能がひととおりプレイできるか
・テスト対象のイベントやガチャなどが開催されているか
・テスト対象のデータが設定されているか（イベント報酬、キャラクター画像など）

👾 テストケースは上から順に実施する？

　テストが行える状態であることを確認できたら、いよいよテスト仕様書のテストケースに沿ってテストを実施します。通常は、テスト仕様書内に記載されている順番にテストケースを実施していくかと思います（優先度の指示があれば、優先度の高いものから実施します）。

　しかし、必ずしもテストケースを上から順に実施するのが効率的だとは限りません。テスト仕様書の作成者によってテストケースの書き方に違いがあり、それに応じたテスト実施の仕方を考える必要があります。なお、テストケースは、テスト担当者ではなく開発担当者が作成することもあります。

　テストケースの記述パターンとして、大きく分けると**表5-2**の2つのパターンがあります。テストを始める前に、まずテストケース全体の内容を確認しましょう。どこから着手すれば手順が少ないか、繰返しをできるだけ減らせるかなどを見極めながらテストを実施します。

表5-2 テストケースの記述パターン

記述パターン	機能や画面ごとにまとまっている	プレイの流れに沿っている
区分の例	「レベルアップ機能」 「上限突破機能」など	「キャラクターを限界まで育てる（レベルアップ、上限突破含めて）」など
メリット	・機能が変更された場合に、テストケースの修正や追加がしやすい ・テストの対象が1機能や1画面内に集約されるので、漏れが生じにくい	・ユーザーの実際のプレイに近い手順となるため、違和感に気づきやすい ・機能間や画面間の挙動が把握しやすい
デメリット	・機能間や画面間の相互関係が認識しづらい ・設定値などの前提条件が同じテストケースはまとめて行うほうが効率的だが、機能ごとに別々で記載されるため、把握しづらい	・同じ画面内の要素についてのテストケース（ボタン押下など）はまとめて行うほうが効率的だが、まとめて記載されないため、把握しづらい

02 テスト中の気づきポイント

テスト仕様書に沿ってテストを実施している途中、ゲームアプリ上はボタンが表示されており、ゲーム自体の仕様書（要件定義書）にも記載されているのに、テストケースでは触れられていなかったらどうしますか？

👻 テスト仕様書に書かれていないことはテストしない？

上記のようなテストケース自体に漏れがあるものについては、「テストしなくてよい」「挙動を確認してみて、バグっぽいときだけ報告すればよい」と思ってしまう方もいるかもしれません。

しかし、テスト仕様書にはテスト結果を報告するという役割もあります。「テストを実施し、OKだった」という記録がないと、後々テスト仕様書を見返したときにテスト結果を確認することができないため、再度テストしなければならず、二度手間になってしまいます。テストケースの不足や不備を発見した場合は、テスト仕様書の作成者に追加や修正を依頼するようにしましょう。

また、上記のような明確な不足でなくても、テスト仕様書に書かれている以外で思いついたテストケースなどがあれば、テスト仕様書作成者に積極的に相談してみましょう。テスト仕様書は、一般的にテストチームのリーダーが作成することが多いですが、リーダーといえども、すべてを網羅するようなテストを設計できるわけではありません。むしろ、実際に細かいところまでゲームをプレイしてみた、テスト実施者しか気づけないようなポイントもあり、そこから重要なバグが見つかるということも多いです。ただテストケースのとおり実施するのではなく、「こうしたらどうなるだろう？」と考えながらテストを実施してみましょう。

04 バグを報告してみよう！

👻 バグっぽいものを見つけた、どうしよう？

　テスト中、バグを見つけたらどうしていますか？　再現確認をしたり、過去のバグ報告書に同じ現象がないかを探したりすると思います。しかし、その作業に1時間かかってしまうとしたらどうでしょうか？　やっとバグ報告にたどり着いたときには、すでに他の人から報告が入っているかもしれず、1時間の作業が無駄になってしまうかもしれません。

　そうならないために、10～20分程度を目安として決めておき、その時間内に再現確認などが完了できなかった場合でも、一度テストリーダーに相談してみましょう。完璧な報告でなくても、例えば「再現確認できてないのですが、○○のようなことがありました。こちらの現象の報告は上がっていますか」などという形で構いません。リーダーの知見から、過去のバグ報告書がすぐに見つかるかもしれませんし、未知のバグだったとしても、再現確認のための手がかりを得られるかもしれません。

　また、リーダーの立場からしても、早めに相談をしてもらうのは進捗管理のためにもとても助かることです。Stage 2で紹介しているように、バグの再現確認からバグ報告書の作成までには考慮すべきことや手順が多く、通常1～2時間、長くて1日かかることもあります。その分、テスト実施が止まってしまうため、リーダーは代わりに別の人に作業を割り振るなどして作業内容の見直しをすることもできます。

🔍 バグ報告書提出完了、その後は？

　バグ報告書を提出したら、それで終わり、とはいきません。バグ報告書とテストケースを関連づける必要があります。

　具体的には、まず、テスト実行結果を記入します（バグが発生したテストケースの結果として「NG」を記します）。その「NG」理由としてバグ報告書のリンクを貼りつけます。リンクはコメント、備考欄、専用欄などに貼りつけることが多いですが、会社やプロジェクトによってテスト仕様書の形式が異なるため、過去の例を参考にするか、テスト仕様書作成者やリーダーに確認して行いましょう。

もし、対象のバグが原因で後続するテストの実施を進めることができなかったり、また先に実施したテストケースの再確認が必要になったりする場合は、それらの影響するテストケースについても実行結果を「NG」「保留」などとして、影響する箇所を明確に示します。こちらもバグ報告書のリンクづけ同様、プロジェクト内での記入ルールを確認しましょう。

🔑 バグの修正確認は、修正箇所だけ確認すればいい？

　バグ報告書を提出すると、開発チームで確認し、必要に応じてプログラムの修正を行います。それに対して、テストチームでは「バグが修正されており、プログラムの挙動が仕様どおりであること」を確認します。修正確認では、まず、バグ報告書の手順に沿ってバグが発生するかを確認します。しかし、ここでバグが再現しないので終わりではなく、他にも確認しなければならないことがあります。

〈修正確認でのチェックポイント〉

・バグを修正したことによって、別のバグが発生していないか

例：

・バグの修正の方法が、別の箇所の挙動にも影響しないか

例：

　このように、バグの修正に伴ってプログラムの挙動が変わる可能性がある箇所を「影響範囲」と呼びます。バグの修正担当者が影響範囲を記載しくくれますが、中には、開発・修正者にも予想できないような影響が出ることもあります。そのような影響範囲を見つけ出すのは簡単ではありませんが、通常のバグの見つけ方を応用したり、ゲームの仕様をよく理解しておくことで、だんだんと推測できるようになってきます。次に紹介するような例を参考に、ぜひ実際にチャレンジしてみましょう。

〈影響範囲の推測の仕方〉

・同じデータを使用している箇所を把握しておく

例：

「キャラクター画像」が使用
されている画面を把握して
おく
・ガチャ排出一覧画面
・育成画面
・バトル画面　など

→

キャラクター画像に変更が
生じた場合、使用箇所をすぐ
に確認できる

・同じ機能を使用している箇所を把握しておく

例：

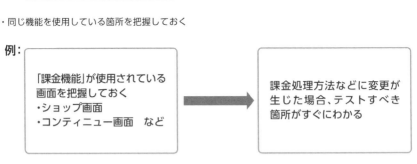

「課金機能」が使用されている
画面を把握しておく
・ショップ画面
・コンティニュー画面　など

→

課金処理方法などに変更が
生じた場合、テストすべき
箇所がすぐにわかる

修正確認後にはテスト仕様書への反映も忘れずに！

　修正確認が完了したら、テストケースで「NG」や「保留」になっていた箇所の再確認を行いましょう。影響範囲のテストケースも再確認が必要であれば併せて行います。もし、バグ修正により仕様自体が変更された場合は、テストケースの内容も変更が必要になるため、テスト仕様書作成者に連携し、変更を依頼しましょう。

エピローグ

先輩〜、テスト結果の確認をお願いします！

はーい……　ふんふん、大丈夫そうだね。
新人ちゃん、すっかり慣れてきたんじゃない？
指摘も少なくなったし、進捗もいいし！

ありがとうございます！

そろそろ次のステップを考えてみてもいいかな〜

つ、次のステップ、ですか？

今後何をしていきたいかを考えて、それに合わせて仕事を分担し
ようかなって。例えば、私のようにリーダーを目指すなら、進捗
管理をしてみたり

さらにマネージャーを目指すなら、マネジメントをしてみたり

ひぇぇ、大変そう……

今すぐ決めなきゃいけないわけじゃないから、一緒に考え
ていこう！
このままテストエンジニアを極めるって道もありだしね！

僕ももちろんサポートしますので、安心してください

心強いです！ これからもよろしくお願いします！

Bonus Stage 1

ゲームテスト年表

　時代ごとのゲームテストの様子を、当時発売された代表的なゲーム機（ハードウェア）とともに簡単に振り返ります。

■■■■	：据置型ゲーム機
▒▒▒▒	：ポータブルゲーム機
□□□□	：その他のゲーム端末

■ 1980年代　コンシューマーゲームの普及

1983年	ファミリーコンピュータ
1984年	PCエンジン
1988年	メガドライブ
1989年	ゲームボーイ

草創期のコンシューマーゲームは、ゲーム自体が現在ほど複雑化しておらず、シンプルなつくりのものが多かった。そのため、テストプレイ（ゲームプレイによるテスト）が主流であった。
テストはゲーム制作会社の社員やアルバイトによって行われていた。

■ 1990年代　コンシューマーゲームの高機能化・複雑化

1990年	スーパーファミコン
1994年	セガサターン
	PlayStation
1996年	NINTENDO64
1998年	ドリームキャスト
	ゲームボーイカラー

ゲーム機（ハードウェア）自体の性能が上がると、ゲーム（ソフトウェア）でできることも増える。ゲームの複雑化と連動し、テストは大規模かつ長時間のテストプレイ型になっていった。
ゲームテストを専門とする会社ができはじめ、「デバッグサービス」として、ゲームテスト業務のみをゲームテスト専門会社で担当するケースも多く見られるようになった。

■ 2000年代　オンラインゲームの台頭とガラケーゲームの流行

2000年	PlayStation 2
2001年	ニンテンドーゲームキューブ
	ゲームボーイアドバンス
2002年	Xbox
2004年	ニンテンドーDS
	PlayStation Portable
2006年	PlayStation 3
	Wii

インターネットの普及にともない、PCでのプレイを基本としたオンラインゲームや、コンシューマーゲームでも通信機能を活かしたものが多く登場した。また、携帯電話（フィーチャーフォン、ガラケー）のアプリとして遊べるゲームが人気を博した。インターネット経由によるオンラインパッチでバグの修正が一般的になったのも2000年代以降である。ゲームテストでは、各ゲーム機の会社が定めている倫理規定などのガイドラインのチェックを徹底するようになった。

■ 2010年代　スマホゲームの躍進

2010年	iPhone 4
2011年	ニンテンドー3DS
2014年	PlayStation 4
2017年	Nintendo Switch

スマートフォンの普及により、スマホゲーム市場が急成長した。特に「ソーシャルゲーム」タイプが人気で、ガチャ、イベント報酬、ゲーム内課金などの概念が定着した。ゲーハテストでは課金などの通貨観点、アイテム交換などのショッピング観点が採用され、JSTQBなどのソフトウェア関連のテスト技術が本格的に活用されるようになった。

■ 2020年代　ブロックチェーンゲームの登場

2020年	Xbox Series X/S
	PlayStation 5

学習させたAIをプレイヤーとしたゲームテストが行われるようになった。

ゲームテスト用語集

　ゲームテストを前提として説明しているので、一般的な意味やソフトウェア業界での意味とは異なるものもあります。

A/Bテスト
特定の要素が異なる2つのパターンを用意し、どちらが好ましいか選択させるユーザーテスト手法。

GvG
Guild VS Guildの略で、ギルドどうしで戦う形式のバトル。

HP
ヒットポイント（Hit Points）の略語。キャラクターの体力、生命力などを表すパラメータ。敵の攻撃などでダメージを受けると減少し、0になるプレイできなくなるゲームが多い。

ID
Identifierの略語で、識別子の意。ユーザーID、キャラクターIDなど、ユーザーやキャラクターを一発でわかるようにするために使われる。

MP
マジックポイント（Magic Points）またはマジックパワー（Magic Power）の略語。キャラクターの魔力を表すパラメータで、魔法や特殊能力などを使用するために消費される。

PC
Personal Computerの略語で、個人向けの小型汎用コンピューター製品のこと。デスクトップPC、ノートPCの2種類に大きく分けられる。

PvP
Player VS Playerの略で、ユーザーどうしで戦う形式のバトル。

RAM
Random Access Memoryの略語。RAMの容量が大きくなるほど、多くのアプリを複数起動でき、アプリの処理速度が向上する。

ROM
Read Only Memoryの略語で、読み出し専用メモリの意。ただし、スマートフォン関連では、読み出しだけでなく書き換えもできる記憶媒体を指すこともある。

SoC
System on a Chipの略語。機器に必要な機能を1枚の半導体チップにまとめたもの。ゲームテストではスマートフォンのSoCを指すことが多い。スマートフォンのSoCには、CPUやGPU、通信モデムなどが集約されている。

UI（ユーザーインターフェース）
User Interfaceの略称。ユーザーが操作する端末とユーザーとのあらゆる接点を指す。ユーザーが入力できる手段（例えばタップやフリックで操作できるボタン）と、その操作で出力された結果（例えばボタンをタップして表示された画面）の両方が該当する。

UTC
Universal Time Coordinated（協定世界

時）の略語。世界各国の標準時の基準となっている。国際的な基準時刻としてグリニッジ標準時（GMT）が長い間採用されてきたが、現在は協定世界時（UTC）を利用する。日本標準時（JST）は協定世界時（UTC）より9時間進んでいる。

Wi-Fi
無線LANの標準規格に対応していることを認証するもの。同等の機能を持っていても認証を受けていなければWi-Fi対応機器を名乗ることはできないが、今日ではほとんどの機器がWi-Fi対応であることから、単純に無線LANのことを指して使われる場合も多い。

アイトラッキング
専用の機材を使用し、視線の場所や動きを解析するユーザーテスト手法。

アップデート
アプリの状態を最新にすること。

アンケート
テスト対象について感じたことや気になったことを質問形式で調査するユーザーテスト手法。

イベント
期間を区切って行われる催し物。イベント限定のアイテムやキャラクターが手に入るなどの特典がある。月ごと、季節ごとなどの定期的なサイクルで、特典の内容を変更して同じイベントを行うことも多い。

インゲーム
ゲームのコアとなる機能。RPGにおけるバトル、音楽ゲームにおけるリズムパートなど。

因子水準表
設定値などのパラメータを持つ要素を因子といい、それぞれのパラメータを水準として、まとめた表のこと。例えば、属性、レア度、実装アイテムなどパラメータを持つ要素を因子とい

い、それぞれのパラメータ（属性なら火／水／土など）が水準となる。

運用型ゲーム
リリースした後もイベントや追加シナリオなどを提供し、長期の運用を前提としたゲーム。基本プレイは無料とし、アイテムやガチャなどへの課金によって収益を得るものが多い。特にスマートフォン向けのゲームは、現在では運用型ゲームが主流である。買切り型のゲーム（据置型ゲーム機のゲームソフトなど）と区別する意味を込めてこのように呼ばれる。

エビデンス
「証拠」の意。テストにおいては、テストの結果が正常または異常だと判断した根拠となるものを指し、画像や動画の形でバグ報告書に添付する。

オートセーブ
ゲーム進行中にデータを自動的に保存する機能。

オートモード
ユーザーが操作しなくても自動でプレイできる機能。

オブジェクト
ゲームの中で表示されている物体の総称。プレイヤーキャラクター、敵キャラクター、アイテム、装飾品、建物（壁、ドアなど）、自然物（木、岩など）などあらゆるものに使われる。

オンライン対戦
オンライン上で他のユーザーと戦う形式のバトルを広く総称して指すもの。PvP、GvGもオンライン対戦に含まれる。

開発環境
開発者の作業環境。ハードウェア、ゲームエンジン、ビルドシステム、テスト環境、バージョ

ン管理システム、グラフィック作成システムな
ど、開発に必要なあらゆる環境が含まれる。

開発バージョン

複数の開発を並行で進める際や、機能のリ
リースを計画的に行う目的で、アプリの状態
を分けて管理することがある。またそれを示
す番号や記号。

ガチャ

ゲーム内でアイテムやキャラクターを入手す
るための機能。カプセルトイの販売機の考え
方を参考にしている。ゲーム内通貨やポイン
トを使用してガチャを回し、アイテムやキャ
ラクターを景品として入手する。

ガラケー

ガラパゴスケータイの略語。フィーチャー
フォン（スマートフォンよりも前の世代の携
帯電話端末）のうち、特に日本国内で流通し
ていた携帯電話のこと。搭載している機能が
世界標準から外れて日本市場に特化していた
ことから、ガラパゴス化した携帯電話機とい
う意味でこのように呼ばれた。単純にフィー
チャーフォンの意味で使われることもある。

カルチャライズ

特定の国を対象に作られたゲームを他の国に
リリースする際に、リリース先の文化や法律
を配慮した内容に変更すること。

機内モード

飛行機の中などでスマートフォンが電波を発
しないようにする設定のこと。一般的に機
内モードに設定すると、通信（音声、デー
タ）、Wi-Fi、Bluetoothが停止する。

キャラクターAI

キャラクターが置かれている環境や状況に応
じて、自律的に意思決定し行動しているよう
に見せるためのAI（人工知能）。攻撃パター
ンの選択などに用いられる。

境界値

順番に並んだ値（数値）における最小値もし
くは最大値のこと。例えば、キャラクター名
の文字数が1～10文字の仕様だとすると、境
界値は1文字と10文字である。

境界値分析

境界値に基づいてテストを設計すること。例
えば、保持できるコインの最大数が200枚の
テストを行う場合は、最小値である0枚に基
づき「0枚」「1枚」のテストと最大値である
200枚に基づき「199枚」「200枚」「201
枚」のテストを行うように設計する。

強制終了

実行中のアプリやOSを強制的に終了させるこ
と。フリーズなどにより通常の終了手続きで
終了できない場合に行うことが多い。

ギルド

ユーザーが集まったグループのこと。ゲーム
によって異なるが、ギルドに所属することで
有利になることが多い。チーム、同盟などと
呼称するゲームもある。

クライアント

一般的にはサーバーに対して情報やサービス
を要求する端末やソフトウェアを指す。ス
マートフォン向けアプリゲームの開発現場
においては、スマートフォンにインストール
されるアプリを指してクライアントと呼称す
る。「アプリ」と呼称してしまうと、サー
バーも含めたアプリケーションサービス全体
と混同してしまうため、クライアントと呼び
分けることが多い。

クラッシュ

OSやゲームが突然終了する現象のこと。ゲー
ムアプリの場合、何の前ぶれもなくゲームが
終了し、スマートフォンのホーム画面が表示
される。

クローズドβテスト（CBT）

人数を限定したうえで、サービス開始前の
ゲームを一般のユーザーにプレイしてもらう
テスト。プレイデータからゲームサイクルの
課題を収集したり、アンケートを実施して面
白さや遊びやすさなどのフィードバックを得
る。

ゲームエンジン

ゲーム開発を支援するソフトウェアのこと。
グラフィックス、物理演算、音声、ネット
ワーク通信など、ゲームのさまざまな要素を
統合・管理している。ゲームエンジンを利用
することで、ゲーム制作やテストを効率的に
行うことができる。

ゲーム内通貨

各ゲームが独自に発行している通貨で、発行
されたゲームの中だけで使用できる。アイテ
ムやガチャの購入、アイテムの所持枠拡張な
どに消費される。実際の通貨を使用して購入
（課金）することで得られるものと、イベン
トなどの報酬として得られるもの、その両方
で得られるものがある。

行動観察

ユーザーがプレイする様子を観察し、自然発
生的ニーズを分析するユーザーテスト手法。

コリジョン

「衝突」の意。ゲーム業界では主に当たり判
定を指す。

サーバー

オンラインゲームにおいては、クライアント
（端末やアプリ）の要求に応じてデータを提
供し、また、クライアントから受信したデー
タを蓄積するコンピューターを指す。

シェーダー

グラフィックスにおいて、光の影響を表現す
るプログラム。陰影や反射を入れる、表面の
質感をつける、エッジをぼかす処理など。

障害

ゲーム制作会社により定義が異なることもあ
るが、本書では、本番環境で発生しているバ
グを障害として扱っている。

仕様書

ゲームの機能やデータ（敵のパラメータ、素
材の指定など）をまとめた資料。

状態遷移図

ソフトウェアのさまざまな状態を持つ場合、
各状態と、その状態に遷移する条件・入力な
どを図で表したもの。

状態遷移テスト

状態遷移図や状態遷移表を利用して、ソフト
ウェアが特定の状態からどのように遷移する
かを整理し、それに基づいて設計されたテス
トのこと。

状態遷移表

ソフトウェアの特定の状態と、その状態に遷
移する条件・入力などを表形式でまとめたも
の。

スキル

ゲームのキャラクターが持つ特殊能力や必
殺技などを指す。スキルは大きく2つに分け
られ、常時発動するスキルを「パッシブスキ
ル」、選択したタイミングで発動するスキル
を「アクティブスキル」といいます。

ストーリーパート

シナリオやキャラクターどうしの会話など、
ゲームの世界観を楽しむ機能のこと。立ち
絵、テキスト、短い動画などで構成されるこ
とが多く、ユーザーがゲームの世界に没入で
きるようになっている。

スマホ

スマートフォンの略語。携帯電話にモバイル
向け汎用OSを搭載し、通話機能以外のさまざ
まな機能を備えた高機能携帯電話のこと。イ

ンターネット通信との親和性が高い。

スマホゲーム

スマートフォン上で動作するゲームアプリのこと。アプリストア（App Store、Google Playなど）からゲームアプリをスマートフォンにインストールした後にゲームをプレイするタイプが主流である。

制作物

ゲーム業界では、ゲーム内で用いるデータやイラスト（キャラクター情報など）を指すことが多い。コンテンツとも呼ぶ。

遷移する

状態や画面が切り替わる（現在表示されている画面から、別の画面に移動する）こと。

属性

キャラクターや攻撃、スキル、装備品などの性質を表す要素。対象の性格や特徴を考慮して決められる。例えば「風属性」「火属性」「光属性」など、自然物にちなんだものが多く、水属性は火属性に対して攻撃力がアップするなど、相性のよしあしが存在する。同じ属性名でも、ゲームによって属性どうしの関係性は異なることがある。

タスクキル

スマートフォン上で起動中のアプリを強制的に終了させること。

テクスチャー

ゲームの3Dモデルに色や質感を与えるための画像。カラー、凹凸、反射などの効果でリアルな見た目やエフェクトを表現する。

デグレード

ソフトウェアのバージョンアップや修正パッチの適用後、過去のバグが復活したり、機能が低下したりすること。デグレ、先祖返り、リグレッションなどともいう。リグレッションテストを行うことで検出が期待できる。

デシジョンテーブルテスト

複数の条件やルールに基づいてテストケースを作成する際に有効な技法。表（テーブル）形式で条件と結果を整理し、各条件の組み合わせに対応するテストケースを設計する。

テスター

ゲームが問題なく動作するかテストを行う人。テストの実施、バグの報告、バグの修正確認、テスト結果の報告などを担当する。

テスト環境

制作したゲームのテストを行うための環境。できる限り本番環境と同じ構成にすることで、ユーザーに影響を及ぼさずに、本番環境で発生し得るバグを見つけられるようにしている。

テスト観点

ソフトウェアが正しく動作することを確認するための観点。

テスト技法

ソフトウェアテストのテストケースを作成するための技術。ブラックボックステスト技法、ホワイトボックステスト技法、経験ベースのテスト技法に大きく分けられる。

テスト計画

テストの目的を決め、目的を達成するための方法、スケジュールを作成すること。これらにもとづき調整したテスト作業を計画としてまとめる。

テストケース

テストを実施する際の実行条件、実行手順、入力値、期待結果の組合せ。

テストサマリーレポート

テスト結果のうち、重要な部分を要約したレポート。

テスト実行

テスト手順書に従ってテストを実施し、テスト結果を得ること。

テスト実施者

テストを実施する担当者。テスターということもある。

テスト実装

テスト設計に基づいて、テスト手順書を作成すること。

テスト条件

テストを実施するために事前に準備する内容。例えば「レベル15以上の状態でテストを実施する」「ギルドの中に水属性が1つ以上含まれる状態でテストを実施する」など。

テスト仕様書

テスト設計内容、テストケース、テスト手順などをまとめたドキュメント。

テスト設計

テスト対象の機能に対して、どのようなテスト観点、テスト技法を適用するかを決めること。

テスト手順書

テストをどのように実施するかを記載したドキュメント。テストを誰が実施しても同じ手順でできるように記載することが望ましい。

テストプロセス

テストの計画から完了までの一連の工程のこと。計画、モニタリングとコントロール、分析、設計、実装、実行、完了が主な活動となっている。

テスト分析

テストの対象を分析して、何をテストするか（どの機能をテストの対象とするか、どの条件でテストするか）を決めること。

テストベース

テストの分析や設計を行う際の情報元。企画書、仕様書、テストデータ、開発プログラムなど。

デバッグ機能

ゲームの動作を確認しやすくして、バグを見つけるための機能を備えたツール。ゲームやテストの内容に合わせて独自に作成することが多い。例えば、「キャラクターのレベルを20にする」「ゲーム内コインを500保持する」など、テストの前提条件を設定できるようにする。

デプスインタビュー

プレイ中の各行動の理由などを、1対1の面談形式でインタビューを行うことで深く掘り下げるユーザーテスト手法。

同値クラス

境界値の最小値から最大値の範囲にあるすべての値を同じ仕様として扱うこと。例えば、100以下のダメージを無効にするという仕様の場合、0〜100のすべての値を「ダメージを無効にする」という意味で同じものとして扱う。

同値分割法

データをいくつかのグループに分けて、各グループから1つだけを選びテストを行う手法。例えば、キャラクターのHPが「低：1〜30」「中：31〜60」「高：61〜90」と3つの範囲に分かれている場合、同値分割法では、各範囲の代表的なHPを選んでテストする。「低」なら10、「中」なら50、「高」なら70などを選ぶ。

ナビゲーションAI

ゲーム内での位置情報を取得して、キャラクターが目的に沿って移動する経路を探し出すAI（人工知能）。例えば、プレイヤーキャラクターの位置や進行方向などの情報を与えることで、敵キャラクターをプレイヤーキャラクターに接近させることができる。

バグ

「仕様どおりに動かない」「設定されたパラメーターが間違っている」など、要件や仕様を満たさないゲームの不備や欠点のこと。

バグ管理システム

バグの内容や対応状況などを登録・更新して、管理できるシステム。バグ修正に直接必要な情報（概要、再現手順など）だけでなく、優先度や対応状況、担当者なども記録することで、バグ管理・追跡に必要な情報にアクセスしやすくしている。

バグ報告書

バグの内容（概要、再現手順など）を記載した報告書で、バグチケットともいう。ゲームテストでは操作や入出力をわかりやすく伝えるため、画像やプレイ動画をバグ報告書に添付して報告内容を補足することも多い。

バックグラウンド

直訳では裏という意味。ゲームテストでは、アプリが画面上に表示されていないが、裏で動作し続けている状態のことを指す。反対に、アプリが画面上に表示されている状態をフォアグラウンドという。

フィールド

ユーザーがバトルやゲームを進めるために設定された一定のエリア。ゲームの世界が表現された環境で、ユーザーがキャラクターを動かしたり、クエストを遂行したりする。

プランナー

ユーザーが楽しめるように、ゲームを面白くする人。具体的には、ゲーム全体や新機能、ゲーム内イベントの企画立案、敵やアイテムのパラメータ設計、ゲーム内のマップの設計などを担当する。ゲームプランナー、ゲームデザイナーとも呼ばれる。

プログラマー

仕様書どおりにゲームが動くようにするために、プログラミング技術やゲームエンジンを使用してゲームを開発する人。ゲームプログラマーとも呼ばれる。

プロジェクト

ゲームを制作、運営する一連の業務のこと。組織によってプロジェクトについての考え方は異なるが、1つのゲームタイトルを1つのプロジェクトとするケースが多い。

プロジェクトマネージャー

プロジェクトを管理する人。ゲーム制作の要件定義、スケジュール管理などを担当する。組織によっては予算管理を行うこともある。

ペアワイズテスト

組合せテストにおける技法の一つ。複数の入力値を持つテスト項目に対して、ペア（2つの入力値の組合せ）を使用してテストケースを作成する。

ベタ書き

データベースやパラメータなど外部のデータを参照せず、プログラム上に直接数値や文章を書き込むこと。

ボスレイド戦

複数のユーザーが協力してボスキャラクターと戦うこと。ボスキャラクターは1人で倒すのが難しい程度にレベル設定されており、倒すことで大きな報酬を得られることが多い。

ポップアップ

画面の最前面に現れる表示。通知や許可、ユーザーへの情報提示や選択が必要なものに対して使われることが多い。ユーザーとアプリ（コンピューター）間で対話的に用いられることからダイアログボックス、ダイアログともいう。ユーザーによる確認や選択が完了するまでは、他の操作ができない。

ポリゴン

三角形や四角形などの平面図形を組み合わせ

て、3Dグラフィックスを表現する手法。ポリゴンの数と配置によって、モデルの細かさや滑らかさが決まる。

本番環境
オンラインゲームのシステムが実際に稼働している環境。ユーザーが実際にゲームをプレイしている環境なので、本番環境でバグが生じるとユーザーに影響を及ぼす。

マスタデータ
ゲームプレイにおいて基礎となるデータ。キャラクターの情報（属性、スキル、レベル）、クエストの情報（開始条件、報酬）、ガチャの情報（キャラクター、排出率）などが該当する。

メジャーバージョン、マイナーバージョン
例えば「Ver1.2」の場合、1がメジャーバージョン、2がマイナーバージョンを指す。メジャーバージョンは大きな機能追加や変更、マイナーバージョンは小規模なアップデートで変わることが多い。

メタAI
ユーザー体験をより良いものにするためにゲームを俯瞰的にコントロールしているAI（人工知能）。ユーザーのレベルに応じた難易度調整や、時間制限などの状況に応じてフィールドの活動可能範囲・天候・地形の操作などに用いられる。

モデリング
3Dグラフィックスを使ってゲーム内のキャラクターやオブジェクト、背景などの3Dモデルを制作すること。現実的な見た目や動きを持った立体的なオブジェクトがゲーム内で表現できるようになる。

モニター
コンピューターから出力された映像情報を表示する装置。ディスプレイとも呼ばれる。

ユーザー
ゲームの利用者。プレイヤー。開発現場では「お客様」と呼ぶこともある。

ユーザーテスト
実際のユーザーがゲームをプレイして面白さなどを評価するテスト。

ユーザビリティ
「使いやすさ」の意。具体的には、わかりやすい画面、操作のしやすさ、プレイ時の爽快感など。アクセシビリティ対応（色だけでなく表情や柄でも見分けられるようにする、シナリオの音声読み上げ機能）もユーザビリティに含まれる。

要件定義書
ゲームの目標やビジョンおよび品質目標を明確化したドキュメント。開発チームとステークホルダーの共通理解を促進する。品質保証の基準となる。

リーダー
本書中ではテストリーダーを指す。テスト実施者を複数名とりまとめ、作業の分担を依頼し、テストの進捗を管理する。テスト実施者からの質問を取りまとめたり、開発チームとの窓口になることで組織全体のコミュニケーションの質を高めたりする役割もある。

リグレッションテスト
一部の機能を変更したことで、変更していない他の機能でバグが発生していないことを確認するテスト。回帰テストとも言う。

レギュレーション
特定のゲームを開発するうえで守るべきルールや制限。

ローカライズ
特定の国を対象に作られたゲームを、他の国でもプレイできるようにリリース先の言語に対応させること。

索引

■ 英字

A/Bテスト………………………………149
Android ……………………………………105
BTS…………………………………………122
CPU ………………………………………… 45
FPS（Frames Per Second）……… 53
FPS（First Person Shooter）……… 79
GitHub …………………………………… 37
GPU ………………………………………… 45
iOS ………………………………………105
IPコンテンツ…………………………… 25
NPC ………………………………………… 77
OS ………………………………… 31，105
QA ………………………………………… 7
SDカード …………………………………108
SoC………………………………… 45，108
UTC ……………………………………… 65
WebView ………………………………… 33

■ あ行

アイトラッキング………………………149
アスペクト比……………………………106
アセット…………………………… 25，140
アセットテスト…………………………140
アップデート…………………………… 99
アップデートテスト……………………136
アドホックテスト………………………118
アプリ……………………………………105
アプリケーションソフトウェア…………105
アンケート………………………………149
異常系……………………………… 35，134
意地悪テスト……………………………118
イベントテスト…………………………138
因子水準表………………………………168
受入テスト………………………………131
影響範囲…………………………………181
オートセーブ…………………………… 61
オートモード…………………… 79，81
音ズレ…………………………………… 43

音声データ………………………………143
音量………………………………………143

■ か行

海外版……………………………………111
回帰テスト……………………………… 37
解像度……………………………………107
確認手順（バグ報告）…………………121
画像データ………………………………140
壁抜けバグ……………………………… 89
画面遷移………………………………… 55
画面遷移図……………………………… 55
カルチャライズ………………………… 87
管理ツール………………………………175
期待結果（バグ報告）…………………121
機能テスト………………………………132
基本ソフトウェア………………………105
キャラクターAI ……………………… 77
境界値分析………………………… 21，160
切り分け…………………………………122
ゲームデザイン………………………… 19
ゲームテスト…………………………… 8
ゲームデバッグ………………………… 2
結合テスト………………………………131
決定表……………………………………163
言語設定………………………………… 83
構成管理ソフトウェア………………… 37
行動観察…………………………………149
互換性テスト……………………… 53，146
コリジョン……………………………… 89
コリジョン判定バグ……………… 89，142
コンパチビリティテスト………… 53，146
コンポーネントテスト…………………131

■ さ行

再現率（バグ報告）……………………121
サンプル………………………………… 41
シェア……………………………… 33，146
シェーダー………………………………142

時刻設定…………………………………116
システムテスト…………………………131
修正確認…………………………………181
準正常系…………………………………134
障害………………………………………114
状態遷移…………………………………55
状態遷移図………………………………165
状態遷移テスト…………………………165
状態遷移表………………………………166
省電力モード……………………………43
ステップアップガチャ…………………59
ストレージ………………………………108
正規化……………………………………23
正常系……………………………………133
静的テスト…………………………17，57
世界観……………………………………9
設定値……………………………………17
設定ミス……………………………140，143
先祖返り…………………………………37
訴求画像…………………………………69

■ た行
タイミング………………………………93
タイムゾーン……………………………116
多端末テスト………………………51，146
縦の遷移…………………………………55
探索的テスト………………………128，134
地域設定…………………………………83
通信環境…………………………………147
通信遮断…………………………………95
通知………………………………………71
データベース……………………………176
テキストデータ…………………………144
テクスチャー……………………………142
デグレード…………………………37，109
デシジョンテーブル……………………163
デシジョンテーブルテスト……………163
テスター…………………………………7
テストエンジニア………………………7
テスト環境………………………………114
テスト観点…………………………128，155

テスト完了…………………………153，180
テスト技法…………………………157，160
テスト計画…………………………153，171
テストケース…………………128，158，178
テスト実行…………………………153，177
テスト実装…………………………153，174
テスト自動化……………………………37
テスト条件………………………………154
テスト仕様書……………………………174
テスト設計…………………………153，159
テストタイプ……………………………131
テストチーム……………………………7
テスト手順………………………………178
テストのコントロール…………………153
テストのモニタリング…………………153
テストプロセス…………………………153
テスト分析………………………………153
テストベース……………………………154
テストレベル……………………………131
デバッグ…………………………………2
デバッグ機能……………………………175
デバッグツール…………………………175
デプスインタビュー……………………149
統合テスト………………………………131
同値分割法………………………………160
動的テスト…………………………17，57

■ な行
ナビゲーションAI………………………77
入手経路…………………………………73
ネイティブチェック………………85，145
ノイズ……………………………………143
ノッチ……………………………………107

■ は行
バージョン………………106，109，113
ハードウェア……………………………105
バグ管理システム…………………109，122
バグ詳細（バグ報告）…………………121
バグ報告…………………………………180
バグ報告書…………………………120，180

バグ報告フロー……………………123
バグランク（バグ報告）……………121
発熱（スマートフォン）……………… 47
パラメータ……………………………… 17
非機能テスト…………………………132
表示位置………………………………140
表示方向………………………………140
標準時…………………………………… 65
品質保証………………………………… 7
プッシュ通知…………………………… 71
物理法則………………………………… 27
付与ツール……………………………175
ブラウザ………………………………… 33
フラグ…………………………………… 97
フレームレート………………………… 53
ペアワイズテスト……………………167
ベータ版………………………………… 99
本番環境………………………………114

■ ま行
マイナーバージョン…………………106
マスタデータ…………………………… 63
メジャーバージョン…………………106
メタAI ………………………………… 77
メディアミックス……………………… 25
文字幅…………………………………… 39
モジュールテスト……………………131
モデリング……………………………142
モンキーテスト………………………118

■ や行
ユーザー感情…………………………… 9
ユーザーテスト………………………148
ユーザーレベル帯……………………… 75
ユーザビリティテスト………………148
優先度（バグ報告）…………………121
歪み……………………………………143
ユニットテスト………………………131
横の遷移………………………………… 55

■ ら行
リグレッションテスト…… 37，110，132
リフレッシュレート…………………… 51
リモート通知…………………………… 71
レイヤー………………………… 29，141
レギュレーション……………………… 67
レビュー………………………………129
連打……………………………… 34，118
ローカライズ…………………………145
ローカル通知…………………………… 71

『ゼロからはじめるゲームテスト』制作委員会メンバー

福田圭佑（グリー株式会社）

大学・大学院で品質管理を専攻したのちに IT 業界の品質管理の従事することを志し、現在の会社に入社。ゲーム基盤の QA を経て現在は運用の長いゲームの QA 管理および海外展開しているゲームの LQA 管理を担当。好きな考え方はハインリッヒの法則で、目の前の小さなヒヤリハットから将来起こり得る大事故を防止できないか日々検討している。趣味は PC ゲームと e スポーツ観戦。

勅使川原大輔（グリー株式会社）

Web ゲーム、スマートフォンゲームのテスターから業界に入り、テスト設計や LQA の業務を経て現在はテスト管理者としてチーム作りや自動化といった QA 業務に従事している。

ゲーム QA はゲームを愛する心が大事だと思っている。RTA を見るのが趣味。

堀米賢（グリー株式会社）

オーディオ製品、PC アプリ、車載器などのソフトウェアテストの業務を経て現職に至る。QA マネージャーとして、テスト体制の構築、テスト管理、テストプロセス改善などに従事。業界各社と連携した勉強会などの技術交流にも取り組み、社外活動として JSTQB 技術委員に所属している。

田中翔（KLab株式会社）

品質管理・テスト業務歴は約 10 年。ゲームのテスターから品質管理の業務を始め、その後は携帯電話や無線基地局の品質管理を経験し、現在は再びゲームに携わっている。ゲームというよりは品質管理自体が好きで、ゲーム業界は新しいものを早いサイクルで開発するため、品質管理も一筋縄ではいかないところに仕事のやりがいを感じている。

小林祐子（KLab株式会社）

モバイル向け Web サイトやソーシャルゲームのテスター業務を経て、それらのカスタマーサポートの経験後、現在はスマートフォンゲームの品質管理を担当。

品質管理の品の字も知らないまま、時の流れるままにテストというものに自然と触れ、気がついたらこの業界にいた。

安田芙美子（KLab株式会社）

スマホゲームのリリース前テストからリリース後の障害管理まで、幅広く品質管理を担当。最近はユーザーテストを社内で推進するための仕組みづくりを行っている。

ゲーム業界に入ったのは、大昔、のべ3000人以上を集める巨大ゲームオフ会を主催していたときに「ゲームにかかわる仕事に就けばたくさんの人を幸せにできる」と思ったのがきっかけ。

河内奈美

初めての現場では、スマホゲームのリリース前や新イベント時の臨時配備人員として多数のタイトルにテスターとして参加。その後、ゲーム開発会社にて特定プロジェクトの新規機能開発のテストなどを経験した。現在はゲーム業界からは離れたソフトウェア開発現場でQAを行っているが、ゲーム業界での知見を活かし、ユーザー目線のテストや、より開発に則した柔軟なテストができるようなチーム作りを行っている。

小林依光

ソフトウェア品質分野におけるテストマネージャー、QAマネージャーの業務に長きにわたって携わっており、QAの立上げから（再構築含む）、人材育成、品質管理プロセスの構築・改善、テストの自動化推進まで多岐にわたる実務を経験している。

担当したプロダクトはデジタル家電、モバイルアプリ、オンラインゲーム、SaaSなどが中心となっており、当たり前品質以外にも魅力的品質、利用時品質など幅広く品質管理に関する業務に従事している。

山本くにお

前前前前前前前職からソフトウェアテストやソフトウェアQAに携わってきた経験を活かし、PC・インターネットサービスプロダイバー・組込み機器・オンラインゲーム・カーナビアプリ・フリマアプリ・Newsアプリ・ヘルスケアアプリ・スマホゲーム・HR Techなどの業界において、品質責任者・QA Leadとして、業務品質・生産性向上のために、プロダクトQA＆プロセスQA業務に従事。

現在は、HR Tech事業において、PMOとQAコンサルタントとして社内のPjM・品質責任者の育成＆フレームワーク・プラットフォームの企画・設計・実装・導入に従事している。

※ 所属は書籍の発行当時のものです。

作画：桃井涼太

漫画家。著作に『艦隊これくしょん －艦これ－ 4コマコミック　吹雪、がんばります！』など。

ゼロからはじめるゲームテスト
壁抜けしたら無限ガチャで最強モードな件？

2023 年 8 月 24 日　　第 1 版第 1 刷発行

著　　者　『ゼロからはじめるゲームテスト』制作委員会
作　　画　桃 井 涼 太
発 行 者　村 上 和 夫
発 行 所　株式会社 オ ー ム 社
　　　　　郵便番号　101 8460
　　　　　東京都千代田区神田錦町 3-1
　　　　　電話　03(3233)0641(代表)
　　　　　URL　https://www.ohmsha.co.jp/

© 『ゼロからはじめるゲームテスト』制作委員会・桃井涼太 2023

組版　外塚誠（Isshiki）　　印刷・製本　三美印刷
ISBN978 - 4 - 274 - 23067 - 7　Printed in Japan

本書の感想募集　https://www.ohmsha.co.jp/kansou/
本書をお読みになった感想を上記サイトまでお寄せください。
お寄せいただいた方には、抽選でプレゼントを差し上げます。

ゲームAI研究の新展開

伊藤 毅志［編著］
A5判／360頁／定価（本体3600円【税別】）

ゲームAI研究の「これまで」と「これから」を
第一線の研究者がわかりやすく解説

　ゲームAI研究は従来、AIの社会実装における重要な示唆を与えるものとして大きな役割を果たしてきました。近年は、深層学習の登場により特に注目を集めています。しかし、まだまだ多くのゲームでは人間を超えるゲームAIをつくることが困難とされています。また、人間を超越したゲームAIが人間と共存するために求められる人間らしさや楽しさの理解、これからのデジタルゲームに求められるゲームデザインとゲームAI、ゲーム体験の評価手法および人間の認知機能の理解なども課題として残されています。

　本書は、これまでのゲームAI研究の理解に加え、これからゲームAI研究をする人にとってヒントとなるエッセンスも詰まった必読書です。

主要目次	
CHAPTER 1　ゲームと知能研究	CHAPTER 7　メタAIと
CHAPTER 2　不完全情報ゲーム	プロシージャル コンテンツ ジェネレーション
CHAPTER 3　不確定ゲーム	CHAPTER 8　人間らしさと楽しさの演出
CHAPTER 4　コミュニケーションゲーム	CHAPTER 9　ゲーム体験の評価
CHAPTER 5　実環境のゲーム	CHAPTER 10　人間の認知機能とスキルアップの原理
CHAPTER 6　ゲームデザイン	CHAPTER 11　認知研究とAIの人間への影響

よくわかる
パーソナルデータの教科書

森下 壮一郎［編著］
高野 雅典・多根 悦子・鈴木 元也［共著］
A5判／248頁／定価（本体2400円【税別】）

パーソナルデータを「正しく」活用するための教科書

　パーソナルデータとは、個人を識別したうえで収集されたデータのことです。パーソナルデータは世界中のさまざまなサービスで活用されていて、企業は利益を効率的に改善できるようになり、ユーザーは個々人にとって適切なサービスを受けられるようになりました。

　その一方で、パーソナルデータの利用目的や手段によっては、法的あるいは倫理的な課題にぶつかり、議論となることが多々あります。場合によっては大きなニュースとなり、企業イメージを低下させ、ユーザーの生活に悪影響を与え権利を侵害する恐れすらあります。これらは個人が識別されることによっておきる弊害です。

　本書は、以上の背景のもと、パーソナルデータの適正な利活用に必要な基本事項を提示するものです。リスクを回避し、「有用性」と「ユーザーのプライバシーや第三者の権利の保護」とを両立しながらデータを活かすにはどうしたらよいのか、法律・倫理・技術などの複数分野を横断しながら、多角的に解説します。

主要目次	
第1章　パーソナルデータってなんだろう？	第6章　「信頼できるサービス」の構造
第2章　パーソナルデータの事件簿	第7章　プライバシー・リスク・倫理
第3章　パーソナルデータ活用の分類	第8章　パーソナルデータの「正しい」活用のフロー
第4章　パーソナルデータまわりの権利や決まり	第9章　パーソナルデータ活用の応用事例
第5章　データ収集と処理に使われる技術	第10章　パーソナルデータがもたらす副作用